拆除你的
情绪地雷

How to Make Yourself Happy
and Remarkably Less Disturbable

［美］ 阿尔伯特·埃利斯 著
（Albert Ellis）

赵菁 译

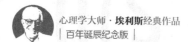

心理学大师·**埃利斯**经典作品

| 百年诞辰纪念版 |

机械工业出版社
CHINA MACHINE PRESS

图书在版编目（CIP）数据

拆除你的情绪地雷 /（美）阿尔伯特·埃利斯（Albert Ellis）著；赵菁译 . —北京：机械工业出版社，2016.9（2024.5 重印）

（心理学大师·埃利斯经典作品）

书名原文：How to Make Yourself Happy and Remarkably Less Disturbable

ISBN 978-7-111-54766-2

I. 拆… II.① 阿… ② 赵… III. 情绪状态 – 自我控制 – 通俗读物 IV. B842.6-49

中国版本图书馆 CIP 数据核字（2016）第 212360 号

拆除你的情绪地雷

出版发行：机械工业出版社（北京市西城区百万庄大街 22 号　邮政编码：100037）

责任编辑：朱婧琬　　　　　　　　　　　　责任校对：殷　虹

印　　刷：固安县铭成印刷有限公司　　　　版　　次：2024 年 5 月第 1 版第 16 次印刷

开　　本：170mm×242mm　1/16　　　　　印　　张：14.75

书　　号：ISBN 978-7-111-54766-2　　　　定　　价：59.00 元

客服电话：（010）88361066　68326294

对话大师

李孟潮专访埃利斯

心理治疗流派层出不穷，但实际上真正受到承认的只有屈指可数的几种，这几种重要流派的开山宗师堪称凤毛麟角，阿尔伯特·埃利斯（Albert Ellis）就是其中一位。

全世界学习心理治疗的人都会在教科书里找到这个名字，都知道他是理性情绪行为疗法（rational emotive behavior therapy，REBT）的创始人。如果你不知道的话，要当心自己的学业前途了。笔者曾有幸在埃利斯89岁那年采访到这位世界心理学巨匠，谈话内容在此分享给诸位读者。

李孟潮：您写过这么多书，年近九旬仍每周工作80小时以上，保持如此神奇精力的秘诀是什么？

埃利斯：我在89岁依然能有很多精力努力工作，第一个秘诀是遗传——我的母亲、父亲和哥哥都是精力充沛的人！第二个秘诀是，我对自己实行理性情绪行为疗法（以下皆依埃利斯原话简称为REBT），所以我坚决反对任何人扰乱我在做的任何事情，我也反对去扰乱别人的事情或这个世界上正在发生的任何事情。

李孟潮：想不到 REBT 还能让人精力充沛。您的业余时间都做些什么呢？

埃利斯：实际上我几乎没有什么业余时间，有一点空闲时，我喜欢听音乐和读书。

李孟潮：中国人总对别人的私生活感兴趣。也许美国人不太习惯——请问您结婚了没有？您的家庭是什么样的？

埃利斯：我结过两次婚，还和一位女士同居了 36 年，但现在我又是单身了。我很喜欢单身的生活。我没有孩子，但我和兄弟姐妹、父亲母亲相处得很融洽。

李孟潮：看来在您 40 岁前遇到过不少挫折。您也换过不少职业，至少有作家、商人、心理咨询师这三个职业吧？现在回首往事，您认为这样的经历对您有什么意义？

埃利斯：我这一生中曾经至少转换过三个职业，这件事情仅仅意味着，在一段时间内，我会全神贯注于一项事业，然后由于各种原因我会改变，并且同样全神贯注于下一项事业。

李孟潮：您经历过很多刺激事件，您怎样处理这些事件呢？

埃利斯：我是这样处理我生活中的刺激事件的——并不要求这些刺激事件不要有刺激性，也不为这些事情感到焦虑或忧郁，因此我在处理这些事情时就能做到最好。

李孟潮：能用一句话介绍一下 REBT 吗？

埃利斯：REBT 还真不能用一句话来概括，但如果让我来试试的话，我会这么说，REBT 是这样一种理论，它认为人们并非被不利的事情搞得心烦意乱，而是被他们对这些事件的看法和观念搞得心烦意乱的，人们带着的这些想法，或者产生健康的负性情绪，如悲哀、遗憾、迷惑和烦闷，或者产生不健康的负性情绪，如抑郁、暴怒、焦虑和自憎。

当人们按理性去思维、去行动时，他们就会是愉快的、行有成效的人。人的情绪伴随思维产生，情绪上的困扰是非理性的思维所造成。理性的信念会引起人们对事物适当、适度的情绪反应；而非理性的信念则会导致不适当的情绪和行为反应。当人们坚持某些非理性的信念，长期处于不良的情绪状态之中时，最终将会导致情绪障碍的产生。

非理性信念的特征有：①绝对化的要求。比如"我必须获得成功""别人必须很好地对待我""生活应该是很容易的"，等等。②过分概括化。即以某一件事或某几件事的结果来评价整个人。过分概括化就好像以一本书的封面来判定一本书的好坏一样。一个人的价值是不能以他是否聪明，是否取得了成就等来评价的，人的价值就在于他具有人性。我因此主张不要去评价整体的人，而应代之以评价人的行为、行动和表现，每个人都应接受自己和他人是有可能犯错误的人类一员（无条件自我接纳和接纳他人）。③糟糕至极。这是一种认为如果一件不好的事情发生将非常可怕、非常糟糕，是一场灾难的想法。非常不好的事情确实有可能发生，尽管有很多原因使我们希望不要发生这种事情，但没有任何理由说这些事情绝对不该发生。我们将努力去接受现实，在可能的情况下去改变这种状况，在不可能时学会在这种状况下生活下去。

理性情绪行为治疗的方法简单来说，就是让来访者意识到自己的非理性的思维模式，并与之辩论，从而达到"无条件自我接纳"。

大部分心理治疗的流派会比较倾向于使用或认知，或行为，或情绪的方法，但是 REBT 是一个比较独特的流派，它三种方法都使用，并清楚地认识到认知、行为、情绪是相互作用的。所以，我们以一种情绪和行为的模式使用认知技术，以一种认知和行为的模式使用情绪技术，以一种认知和情绪的模式使用行为技术。

李孟潮：哪一类咨询者可以寻求 REBT 治疗师的帮助？

埃利斯：几乎每个人都可以，只要愿意持续地、充满情感地、坚强地去探索自己是如何使自己烦恼的，并愿意努力摆脱让自己烦恼的方式，REBT 的治疗师都可以帮助他。

李孟潮：您在创立 REBT 的时候一定面临了很大的压力，以当时的眼光来看，那是对弗洛伊德的背叛。直到前不久，您还说过根据您的标准来看，弗洛伊德还不够性感。能告诉我们这句话是什么意思吗？

埃利斯：我说弗洛伊德不够性感的意思是指，其实弗洛伊德的内心像个老处女一样，他把性行为的很多种形式都看作变态或异常的。一个真正的性心理治疗师会认为，只有极少数的性行为是不好的或不道德的，虽然有些社会环境会坚持认为这些行为是异常的。

李孟潮：目前中国的心理治疗事业刚刚起步，如果中国的心理咨询师想要学习 REBT，应该怎么办呢？需要什么样的条件和过程才能成为理性情绪行为治疗师呢？

埃利斯：成为 REBT 治疗师的条件和过程是，多读一些我写的书，听我的磁带、看我的录像带。当然，最好就是直接参加我们的培训，我们每年都会在全世界举办很多次培训。

李孟潮： 当前中国的心理治疗师面临的一个问题就是经济的问题。有些咨询者和部分治疗师认为，心理治疗应该是和商业活动无关的。也有的治疗师认为，心理治疗中蕴含着无穷的商机。您看起来是一个很特殊的治疗师，既具有很大的名声，又具有很多通过REBT赚钱的途径。您对赚钱和无私地帮助别人之间的冲突是怎么看的？

埃利斯： 实际上我并没有通过REBT赚到什么钱，因为我所做的一切都是为了阿尔伯特·埃利斯学院，这是一个非营利机构。我的书的版税和其他收入都直接归到学院，而不是我个人。对钱的强烈欲望时常让人们做更多自私的事，也阻止人们做到REBT所说的"无条件接纳他人"，可我不是这样的。

李孟潮： 您怎么看中国文化？其中有和REBT相似的地方吗？

埃利斯： 我认为中国文化有些地方和REBT是相似的，因为佛教的一个主要观点就是承认这个世界和生活中一直都有痛苦存在，人们没必要喜欢这些痛苦，但可以建设性地接受，从而不让自己烦恼，能够更好地处理问题。

李孟潮： 对今天的中国您有什么想要了解的？

埃利斯： 我对今天的中国了解很少，如果有时间的话，我想更多地了解中国。

李孟潮： 作为89岁的老人，回首人生，您认为在生命中什么是最重要的？

埃利斯： 我生命中最重要的事就是对自己使用美国式的REBT并总

是接纳我自己，虽然我也尝试着改变我做的很多事情。

李孟潮： 一个大问题，也可能是一个愚蠢的问题，您对生活的态度是什么？

埃利斯： 我对生活的态度是，我们不是被邀请到这个世界上来的，生活本身并没有意义，而是我们给了它意义。我们赋予生活意义的方法是，决定什么是我们喜欢的，什么是我们不喜欢的，什么是我们特殊的目标和目的，从而为我们自己选择了意义。

李孟潮： 我的采访就快结束了，您想对中国的青年说些什么？

埃利斯： 我想对中国青年说的是，他们很年轻，如果这个世界有不幸的事情发生——这是屡见不鲜的，他们有足够的时间，建设性地使用 REBT 或其他类似的思考方式来努力不让自己烦恼。

阿尔伯特·埃利斯简介

阿尔伯特·埃利斯（Albert Ellis，1913—2007），超越弗洛伊德的著名心理学家，理性情绪行为疗法之父，认知行为疗法的鼻祖。在美国和加拿大，他被公认为十大最具影响力的应用心理学家第二名（卡尔·罗杰斯第一，弗洛伊德第三）。

埃利斯创立了对咨询和治疗领域影响极大的理性情绪行为疗法（rational emotive behavior therapy，REBT），为现代认知行为疗法的发展奠定了基础。该疗法适用范围广、实用性强、见效快，为中国心理咨询师最常用的方法，是中国心理咨询师国家资格考试必考的疗法之一。

埃利斯自哥伦比亚大学获得临床心理学博士学位后，投身心理治疗工作60余年，治愈了15 000多名饱受各种情绪困扰的人，并在纽约创立阿尔伯特·埃利斯理性情绪行为疗法学院。

埃利斯是精力充沛而多产的人，也是心理咨询与治疗领域内著作最丰富的作者之一。多个核心心理咨询期刊都曾刊登过埃利斯的文章，他的文章刊登次数堪称心理咨询领域之最。他一生出版了70多本书籍，其中有许多都成为长年畅销的经典，有几本著作销售量高达几百万册。

2003 年，90 岁生日那天，他收到了多位公众知名人物的贺电，其中包括美国前总统乔治·布什、比尔·克林顿，前国务卿希拉里·克林顿。

在 2007 年的《今日心理学》杂志上，他被誉为"活着的最伟大的心理学家"。

他是史上最长寿的心理学家，2007 年安然辞世，享年 93 岁，被美国媒体尊称为"心理学巨匠"。

生平

1913 年 9 月 27 日，阿尔伯特·埃利斯出生在美国匹兹堡的一个犹太人家庭，是 3 个孩子中的长子。

4 岁时，埃利斯全家移居纽约市。

5 岁时，埃利斯因肾炎住院，因此不能再从事他所热爱的体育运动，从而开始热爱读书。

12 岁时，埃利斯的父母离婚了。他的父亲长年在外经商，对自己少有关爱，母亲同样感情冷漠，喜欢说话，却从不倾听，父母关系向来很差。曲折的经历让他对人的心理活动充满兴趣，小学时就已经是个很能解决麻烦的人了。

进入中学以后，埃利斯的目标是成为美国伟大的小说家。为了这个目标，他打算大学毕业后做一名会计师，30 岁之前退休，然后开始没有经济压力地写作，因此他进入了纽约市立大学商学院。经济大萧条来了，击碎了他的梦想。他仍然坚持读完大学，获得了学位。

大学毕业后，埃利斯开始做生意，生意不好不坏。这时埃利斯对文学还是痴心不改，他把大多数时间都用来写纯文学作品。

28 岁时，他已写了一大堆作品，可都没有发表。这时他意识到自己的未来不能靠写小说生活，于是开始专门写一些非文学类的杂文，并加入了当时的"性 – 家庭革命"。他发现很多朋友都把他当作这方面的专家，并向他寻求帮助。此时，埃利斯才发觉原来他像喜欢文学一样喜欢心理咨询。

1942 年，埃利斯开始攻读哥伦比亚大学临床心理学硕士学位，主要接受精神分析学派的训练。

1943 年 6 月，埃利斯获得哥伦比亚大学临床心理学硕士学位。

1947 年，埃利斯获得临床心理学博士学位。如同当时大部分心理学家，这时候的埃利斯是个坚定的精神分析信徒，下决心要成为著名的精神分析师。

20 世纪 40 年代后期，埃利斯已经在当地的精神分析界小有名气，他在哥伦比亚大学做教授，还先后在纽约市以及新泽西州的几所机构内任要职。可就在此时，埃利斯开始对自己钟爱的精神分析事业产生了怀疑。

1953 年 1 月，埃利斯彻底与精神分析分道扬镳，开始将自己称为理性临床医生，提倡一种更积极的新的心理疗法。

1955 年，他将自己的新方法命名为理性疗法（rational therapy，RT）。这种疗法要求临床医生帮助咨询者理解，自己的个人哲学（包括信仰）导致了自己的情感痛苦。例如"我必须完美"或"我必须被每个人所爱"。

1961 年，该疗法更名为理性情绪疗法（rational emotive therapy，RET）

1993 年，埃利斯又将该疗法更改为理性情绪行为疗法（rational emotive behavior therapy，REBT）。因为他认为理性情绪疗法会误导人们以为此疗法不重视行为概念，其实埃利斯初创此疗法时就强调认知、行为、情绪的关联性，而且治疗的过程和所使用的技术都包含认知、行为和情绪三方面。

2004 年，埃利斯罹患严重的肠炎。

2007 年 7 月 24 日，埃利斯自然死亡，享年 93 岁。

How To
Make Yourself Happy
and Remarkably Less
Disturbable

目 录

对话大师　李孟潮专访埃利斯

阿尔伯特·埃利斯简介

第1章

让你快乐的心理自助法

我第一次见到罗莎琳德时，她正陷入重度抑郁中。她的丈夫刚刚和她离婚，她哭泣不止，一直痛骂自己是个"失败者"。她也很担心自己的工作表现，尽管她是个有才华又成功的服装设计师，但她一直忧心忡忡、郁郁寡欢。她因为自己的焦虑和沮丧而感到神经紧张！

关于她的工作，她一直这样告诉自己，"是的，我为公司设计了不少好看的衣服，但是我还没有达到我应该达到的水平的一半。他们迟早会发现这一点，发现我是一个多么糟糕的设计师，然后肯定会解雇我。"这种想法导致了她的焦虑情绪。

我首先帮助罗莎琳德停止把自己叫作"失败者"，在感觉抑郁和焦虑的同时接纳自己。是的，我同意她做的某件事情可能会失败，但她不是一个"失败者"（毕竟，一个真正的失败者只会，并且会一直失败，也绝不可能获得成功）。和我们其他人一样，她有着多面性，既有很多"优点"，也有很多"缺点"，不可能简单地将她归类。

起先，在我企图让罗莎琳德不再简单粗暴地对自己，对她整个人生做出评价的时候，遭到了她的拒绝。"毕竟，"她反驳说，"我应该为自己和前夫在一起时做出的愚蠢行为负责，我让自己抑郁、不安。既然我是那个表现很糟糕的人，为什么我不能把自己看作失败者？"

我不同意。诚然，罗莎琳德有失败的时候，但她也有成功的时候。她表现糟糕，但她也有表现出色的时候。"你做了很多很成功的事情，例如成功地设计了一款服装。这不就让你成了一个成功者吗？不，你只是一个干得很好或者干得不好的人；你是一个有几百万个想法、感觉和行为的人。那些想法、感觉和行为有好的，有不好的，也有不好不坏的。那么，为什么要因为不成功的行为而把自己定性为一个失败者呢？"

罗莎琳德最后终于接受了我的观点，开始不再因为自己失败的行为而责备自己和自己的人生。她开始接纳自己的烦恼。于是，让她吃惊的是，她发现原来那些想法，如因为被丈夫抛弃而感到的沮丧和因害怕工作表现不好而感到的焦虑，通通消失了。在接纳了自己的烦恼之后，她很快放弃了那些强迫自己成为完美的妻子和完美的设计师的要求。

当罗莎琳德采用了理性情绪行为疗法（REBT）中只评判自己的行为而非自己的原则后，她有了很大的变化。她的结论是，"不管我有什么样的表现，没有什么能真正地让我成为失败者。当然我最好表现得有能力、有爱心，因为这会改善我的工作表现、我的人际关系，也会让我更加快乐。这些都很好，但是我不是非得要成功和被人爱才能活在这世上。"

我只给罗莎琳德治疗了仅仅数月，她就出现了惊人的进步。她不仅摆脱了抑郁和焦虑，还保持了身体的健康。她还把我介绍给她的几个好朋友和亲戚，他们几乎都提到了她的改变有多大，而且她还在不断进步。她还定期到纽约参加我颇为有名的理性情绪行为疗法"周五晚间工作坊"，这个工作坊由阿尔伯特·埃利斯学院举办。在这个工作坊中，我会现场与听众中的志愿者合作，介绍、展示什么是理性情绪行为疗法。在这些工作坊中我与她多次短暂交流，她不断进步，并且变得更加快乐。

罗莎琳德只是数百个我治疗过的人群中的一例，他们都显示出理性情绪行为疗法的确能够帮助大家：

- 在人生观上出现深刻变化。
- 减少现有的症状。
- 解决其他情绪问题。
- 不再受过去的烦恼困扰，在再次感到痛苦的时候能够有效地利用理性情绪行为疗法减少自己的困扰。

如何做到

罗莎琳德首先利用理性情绪行为疗法中的无条件自我接纳（unconditional self-acceptance，USA）的方法来减轻自己的主要症状：抑郁和焦虑。其次，她发现这些症状来源于因婚姻失败以及害怕工作中糟糕而对自己的苛责。当她停止埋怨自己的时候，便不再感到抑郁和焦虑。

罗莎琳德并未就此止步。她又分析了自己在其他方面感到的焦虑，尤其是她对于公众演讲的恐惧。她发现这种恐惧在很大程度上也是源于她因为别人对自己的批评而责备自己。于是她利用理性情绪行为疗法帮助自己克服对公众演讲的恐惧，即使在自己焦虑，更重要的是在自己讲得不好的时候能够无条件自我接纳。

接下来，罗莎琳德很少因为离婚以及担心工作不好而感到抑郁，当她又感觉难受的时候，这种难受的感觉也是转瞬即逝。最后，当她又有抑郁、焦虑或者其他不良情绪的时候，她安慰自己她只是又在用一些强制性的要求困扰自己而已（稍后我会解释这是什么），她找出那些强加给自己的不合理要求，指出这些要求的不合理性，然后再一次赶走了烦恼，变得更加快乐。

罗莎琳德的进步告诉我，很多理性情绪行为疗法的使用者都能够轻松地好转，也就是说他们首先能够解决当下感到的困扰，然后利用理性情绪行为疗法让自己不再陷入这样的境地。自 20 世纪 50 年代以来，我目睹以及听说几百位客户和读者能够做到这一点。

如何推广

以下是最近的一个案例。38 岁的电脑顾问迈克几周前从怀俄明来这里拜访我。他在纽约长大，整个人生都处于一种恐慌情绪中，还患上了强迫症，总是担心自己做任何事情都不完美。他搬到怀俄明是因为纽约的生活环境太复杂，对他来说"太危险"。他告诉我，几年来一直去看心理医生也丝毫没能帮到他；但是在怀俄明进行的为期一年的认知行为治疗让他有了一点点好转，他的强迫症不再那么严重，生活得稍微比以前舒心了些。

他来纽约看我（主要是为了感谢我）之前的半年里，他看了《理性生活指南》（*A Guide to Rational Living*）和我的其他几本书。生命中第一次，他在感到恐惧的同时开始全然接纳自己和自己的强迫症，马上他就感到好多了。他对恐慌情绪的恐惧完全消失了，他原有的恐惧，主要是害怕自己无法正常与女性发生性关系的恐惧也大大减少了，强迫症也没有了。每当他再次感到恐慌的时候，他很快就接纳了带着恐惧感的自己，这种恐惧感立刻就消失了。他曾来纽约拜访昔日的一些老朋友，朋友们的有些幼稚举动让他感到不自在，但他拒绝让自己屈服于恐惧感，并且还试图帮助他们，给他们讲解一些有关理性情绪行为疗法的知识。

迈克在我给他治疗的第一次也是唯一一次疗程中提到，"我不能说通过看您的书我有了脱胎换骨的变化，但是基本上也达到了这种效果！现在，几乎过去所有让我感到恐慌的事物都不再能够影响我了。而且一旦我又陷入过去那种凡事追求完美的套路中去，我就会很快找到我那些具有强迫性质、不理性的想法，并且把这些想法赶走，然后再一次拥有丰富、愉快的生活。我之前说过，我再次来纽约主要是为了见您，并且感谢您赋予我的一切。尽管我不相信奇迹，但您的书太神奇了。真的很感谢您写了这些书！"

改变自己

罗莎琳德和迈克，以及其他接受过理性情绪行为疗法或者读过我的书稿的人，让我确信人们能够深层次地从很大程度上"轻松"解决自己的困扰。如果他们使用理性情绪行为疗法，会完全改变自己的性格吗？不，不一定。一个人的"性格"包含几个强烈的生理倾向，例如内向或者外向。你可以很努力地使这些倾向有一些改变，但不可能完全改变。因此，总的来说，你最好接纳你的基本"性格"，并且安然自在。

那些令你烦恼的倾向一定程度上是内在的，因为作为一个独立的个体，也许会有天然的、与生俱来的一些倾向使你感到焦虑（过于担心）、抑郁（对自己的不幸感到恐惧）或者自我厌憎（因为自己的某些不好的行为而完全否定自己）。如果你有这些内在倾向，那就不需要接纳它们或者向它们屈服。内在并不意味着无法改变。例如，即使你生下来没有任何音乐细胞，也能通过接受音乐训练来获得某种程度的改善，尽管并非获得完全改善。如果你生下来就讨厌吃菠菜，你也可以训练自己有那么一点点喜欢吃它。

你也可以赶走自己的烦恼。即使你先天的性格和后天的教育使你容易"陷入烦恼"，你也能够在很大程度上改变这种性格，让自己不再那么烦恼。那如何改变呢？通过使用我在本书中提到的几个理性情绪行为疗法。

令人感到庆幸的是，其实是你自己选择沉溺在自己的情绪问题中。

你的性格和后天教育也许确实使你的这种倾向更强烈，但你仍然拥有强大的能力来阻止自己沉浸在负面情绪中，并且逐步摆脱这些不良情绪。

就拿我自己作为例子。我天生就爱吃甜食，这点随我母亲。她爱吃各种各样的甜食，到了93岁她还因偷拿养老院里其他老人的糖果被抓。我直到40岁的时候生活习惯都还和母亲一样，喝咖啡的时候要放4勺糖和半杯奶油，每天吃500克冰激凌，用黄油和糖煎通心粉，一有机会就会喝我最喜欢的饮料：巧克力或者麦芽奶昔。这些都是美味！

然而，我在40岁时得了糖尿病。因此，在发现自己得了糖尿病的当天，我就立即停止吃糖、冰激凌、奶昔、黄油和其他让人发胖的食物。在46年后的今天，我还怀念这些东西吗？当然！我会放任自己吃这些东西吗？绝不！

因此，即使你天生就有很强的对自己不利的倾向（我相信有几十亿人都是如此），你还是可以有所改变。你可以训练自己做出有利于自己、有利于与你共同生活的群体的行为。当你抑郁时，你不仅给自己带来了麻烦（个人心理问题），也给其他人带来了麻烦（人际交往困难），所以你应该努力解决这两方面的问题。和其他认知行为心理学方面的书籍一样，与理性情绪行为疗法有关的书籍和磁带也能告诉你如何进行自助治疗。

因此，你要学会使用这些资料。学会如何改变自己的想法、感觉、行为，从而减少自己情绪上的抑郁。不断阅读并且使用本书提供的各种步骤来帮助自己。如果你肯下功夫，就能极大地减少自己的烦恼，改善与他人的关系。

自助治疗读本

你也许会问，已经出版了40本自助治疗方面的书籍，并且发表了数百篇相关的文章和视听磁带来告诉人们如何处理他们的性格问题之后，我为什么又写一本这方面的书？

因为一个特殊的原因。1996年我出版了一本给精神医疗专业人士的书：《更好、更深入、更持久的简明疗法》（*Better，Deeper，and More Enduring Brief Therapy*）。这本书概括了理性情绪行为疗法的总原则，但却是我这方面唯一的一本书，也是整个心理疗法领域中的少数几本书之一。通过本书，治疗专家们首先了解了如何帮助他们的客户获得全面的改善；同时，如何使客户能够轻松地进行改变。它强调了在我先前关于理性情绪行为疗法的书中只是略微提到过的一点：如何帮助人们不仅减少烦恼，并且不容易产生烦恼。

《更好、更深入、更持久的简明疗法》一书的完成使我颇感欣慰，期望它能够帮助治疗专家和他们的客户。然而在写那本书的时候，我意识到除了我和其他理性情绪行为疗法专家们已经出版的书籍之外，这些客户其实也能阅读一些自助治疗的资料，使他们学会如何与自己的治疗专家配合。同时，还能学会如何通过自己的努力获得轻松的改变。

更准确一点儿说：我写作本书是为了告诉你们情绪改变上几个重要的方面。通过阅读本书，你将发现你是如何：

- 毫无意义并且愚蠢地听任自己与生俱来及后天养成的性格，让自己严重焦虑、抑郁、愤怒、自我厌憎和自怨自艾。

- 改变那些令自己徒增烦恼的想法、感觉和行为，从而大大减少自己的烦恼和对自己不利的倾向。

- 通过长期坚持不懈地努力使用理性情绪行为疗法来达到自动、习惯性地使用这些疗法的目的，从而在身处逆境或者自己人为制造的不顺时并不感到绝望。

你可以使用这本书减轻自己神经质的症状，烦恼更少，你所需要的只是学习并且实践以下方法：

- 从很大程度上来说，你只是自己给自己增加烦恼，而不仅仅是因为眼下或者过去的处境。

- 因为你总是自己给自己带来烦恼，因此你也可以选择不再让自己感到烦恼。

- 你给自己带来烦恼的主要原因是你总是强加给自己一些必须达到的要求，让自己对于成功、他人的认可和快乐的理性追求变成了不理性的执着和要求。

你可以清楚地看到，你给自己设置的这些障碍让你感到不快乐，接下来你就可以这样练习：

- 坚持将自己不理性的要求变成强烈的、可变通的愿望。

- 强有力地减少伴随着那些不理性要求而来的挫败感和因挫败感而产生的行为。

- 让自己以非强制性的方式思考、感觉和行动。

- 找到一种持久、坚定的人生理念，使你相信世界上没有什么东西可怕，是的，没有任何东西是可怕、恐怖或者糟糕的，不管它是不是确实很可怕，不利于你或者对你不公平。

- 不再怪罪自己或者别人，完全接纳这一观点，即错误、不道德或者愚蠢的行为绝不会让你或者别人变成坏人或者不可救药的人。

- 找到本书稍后将提到的一种能够帮助你自救的人生哲学，尤其是那种即使遇到损失、挫折、失败和残疾（或者是你自己导致它们的发生），仍然能让你有能力为自己创造一个丰富、快乐的人生的哲学，尽管如果没有这些不幸，你的人生也许可以更幸福。

感受快乐

你真的能够摆脱我刚才所列举的那些不幸，获得越来越多的快乐和自由吗？是的，肯定可以，如果你能够按照本书提供的方法去实践。为什么？因为你，作为人类，和其他人一样生来就是既积极又充满了创造力，你也与生俱来就有一种让这些积极的倾向越来越强大的能力。

正如让·皮亚杰（Jean Piaget）、乔治·凯利（George Kelly）、迈克尔·马奥尼（Michael Mahoney）和其他一些心理学家所指出的那样，人类，你和其他人，天生就具备一种强烈的本能，要积极面对你在早期和今后的人生中遇到的困难。否则，你就不会吃合适的食物，不会想办法如何安全地通过车流不息的马路，也不会允许自己被道德败坏的人长期利用，成为他们的受害者。所以你才会小心翼翼地应付千百种问题，想出解决办法，让自己活下来，然后去面对更多的问题。我们人类天生就是积极主义者！我们，也包括你，总是积极主动地去努力解决生命中遇到的困难。你会自然而然地注意到问题的存在，然后或多或少地解决它们。否则，你早就不在人世了！像一只死鸭子一样，而且是很早就死了！

你不仅在遇到像吃喝拉撒这样的生存问题的时候会积极应对，你在心理和情感上同样非常积极。当你觉得焦虑、抑郁或者愤怒的时候，你会注意到自己的感觉，判断它们是"好的"还是"坏的"，常常尽力将它们变成"好的"感觉。这是因为你的基本目标是活着并且合理地感到快乐。不论遇到了怎样的不舒服、疼痛或者不快，也许是身体上的，也许是精神上的，你都会观察到这种情绪，对它进行分析，并且努力降低这种情绪。再说一次，那就是你具有创造性的天性。所以好好利用它！

遗憾的是，我们人类也有一种内在的、生理上的对自己不利的倾向。很多旨在帮助你减轻痛苦的乐天主义和"灵修"书籍却没有告诉你这一点！当然，你一般不会故意伤害自己，也不会有意产生一些完全没必要的情绪或者身体上的病痛。你可以，但是你很少会这样。你还没有那么疯狂！其实，你只是与生俱来会有一种倾向，这种倾向让你很容易并且常常以自我否定、自我贬低的方式思考、感觉和行事。是的，很容易！是的，常常！不仅如此，你的父母和你所处的文化会让你的这种内在的对自己不利的倾向更加严重。所以你承受了双重的负面影响！

以拖延症为例。在学校、公司或者家里，你被分派到一个任务，你预见到如果你能完成这个任务，会得到好的结果（例如赞赏和自我认可）。所以你决定接受这个任务。

但是，但是，但是！你愚蠢地一再拖延，一直完不成任务。为什么？因为你（愚蠢地）认为，"我待会儿再做。如果我待会儿做的话就会做得更好，也会更容易"。或者你（像个白痴似的）以为，"我得做得非常完美，否则我就是个不够好，没有能力的人！所以我待会儿再做"。或者你（顽固地）以为，"他们不应该给我这么难的任务。他们对我不公平！这个任务不仅很难，而且对我来说简直就是太难。我诅咒他们！我想要做的时候才去做。或者我也许根本就不做！给他们一点颜色看看！"

如果你是一个"正常"人，你会很容易、很顽固地给自己找一些借口或者有上面那些对自己不利的想法。而伴随着这些想法而来的会是些不健康的、消极的感觉，例如焦虑和敌意；以及拖沓的行为，例如延迟、马马虎虎或者完全甩手不管。还有，一旦你开始不断拖延，一旦你意识到这样下去你根本得不到自己想要的结果，你会经常这样想，"我是一个拖拖拉拉的烂人！我没法按时完成这个任务！其他人会因为我的耽搁而瞧不起我。而且他们是对的，我就是一个没用的白痴！"本来，这些想法产生的部分原因是为了让你赶紧动起来去干活。但实际上，它们却让你相信，你整个人都很糟糕。于是，你觉得自己不能做好的想法、你的自我贬低的倾向让你变得更加拖沓！

不仅如此，拖延症本质上会自我加强。如果你是一个有才华的完美主义者，你可能因为太害怕自己做得不够完美，而一直不停地拖延。这样你的焦虑就会减少，并且暂时让自己感觉好点。著名的理性情绪行为疗法专家保罗·伍兹（Paul Woods）把这种焦虑的减少叫作暂时放松。这种暂时的放松让你感觉好多了，并且再一次让你更严重地拖延下去！

消极倾向

拖延症只是我在这本书里将要举的众多例子中的一个，我想用这些例子告诉你，你有健康的、积极的内在倾向想要让自己生活得积极、充满创造力，能够自立自强，你也有一些不健康的、消极的倾向会给你带来不必要的伤害。不仅如此，你那些消极的倾向通常比较强大而且频繁出现。所以，如果你是明智的，你会利用自己那些健康的、积极的倾向，不仅是现在，而且在将来你都会让自己的负面想法越来越少。

这就是本书的主要目的：清楚地告诉你有哪些与生俱来的积极倾向，以及你可以如何要求自己利用它们来克服那些有害的想法。

自始至终、完美地、无时无刻并且任何情况下都能这样吗？显然，答案是否定的。因为你的生理和社会属性让你成为一个有明显缺陷的人。我们都是这样。没有一个人，包括你，是完美的或者是个超人。我们和你，每个人，我们所有人，都常常会做一些对自己不利的事情，而且我们还会一直这样！

因此，本书将告诉你如何极大地减少自己的烦恼。它还将以一种独特的方式告诉你如何消除你的情绪和行为上的问题，以及如何让这些问题越少越好：像我之前说过的那样，让你那些与过去、现在和未来的不幸有关的烦恼大大减少。当你又像过去那样偶尔让自己感到沮丧的时候（将来你还会如此），这本书会教你如何快速、果断地让自己振作起来。这样你就能够让自己不再感到有那么多烦恼。

真的吗？是的，如果你继续往下看，如果你能努力使用本章中提到的理性情绪行为疗法，就是真的，但这并不是那些"新时代"心灵疗愈书中所渲染的所谓奇迹。但是，只要努力进行实践，你可以让自己的烦恼显著地减少。是的，你可以。

理性情绪行为疗法

为什么这本书在市面上出版的数万本心理自助书籍、小册子和文章中显得与众不同呢？毕竟，这些书大部分都能让你感觉有好转，这正是你想要的。但本书并非仅止于此。它能让你变得更好，能够更有效率、更快乐地生活。这本书还能让你保持良好的状态，拒绝让自己在未来又陷入烦恼之中。

你最终也许会发现，本书中提到的那些能让你感觉更好、变得更好、保持良好状态的方法将会是你能够获得的最重要的信息。这套方法已经让我的一些客户以及数千位看过本书或者听过我磁带的人从痛苦中解脱出来。有趣的是，这些方法的发现不仅是我作为一名心理学家的所得，也来自一些哲学家的著作。

早在 16 岁的时候，我就将哲学作为一门爱好，而我想要成为一名心理治疗师已经是很久以后的事了。我尤其对人类如何感到快乐的哲学感兴趣。因此我开始为人们，当然主要也是为我自己，寻找获得快乐的方法，以减轻情绪上的烦恼，增加从生活中获得的满足感。

当我在自己的生活中也应用这些合理的方法时，我很少再为任何事感到苦恼。当我在 1943 年开始作为心理治疗师执业时，我开始教我的客户一些我过去研究所得的方法。但很遗憾，1947 年我的兴趣发生了转移，作为心理分析师接受培训，并在接下来 6 年的执业生涯里使用精神分析疗法。我盲目相信了绝大部分治疗师们所推崇的精神分析法，以为它比其他形式的心理治疗方法更"深入"、更"好"。但使我吃惊的是，在客户中使用精神分析法的经验告诉我，它过于注重人们早期的经历，忽略了人们对于自己生活经历的想法也会让他们感到痛苦。

又回到起点！40 岁的时候，我回到自己少年时期就已经开始的研究，这次不再是作为爱好，而是发展一套理论帮助人们管理自己情绪上的问题。我试图从古代的哲学家们那里汲取营养，其中有亚洲的哲学家，例如孔子、释迦牟尼和老子；以及希腊和罗马的哲学家，例如伊壁鸠鲁和马可·奥勒留。我还读了几位现代哲学家的作品，例如斯宾诺莎、康德、杜威、桑塔耶拿和罗素，我想看看他们对于痛苦和快乐都说了些什么。他们简直是长篇阔论！

以这些哲学家的理论作为基础，我在 1955 年 1 月创立了理性情绪行为疗法。这是认知行为疗法中首次将人的思想、感觉和行为作为"情绪"问题的主要来源，并且强调通过改变自己的态度来减少自己的烦恼和困扰自己的行为。

我希望这种疗法能够既快速又有效，很快我发现事实的确如此。我自己在使用理性情绪行为疗法的第一年就发现这种疗法有效，然后我发表了一篇研究论文，指出它比我在 1947 ~ 1953 年间使用的传统精神分析法和以精神分析为主的心理治疗方法更为有效。从那以后，大量研究结果证明了这种疗法和其他随之而来的认知行为疗法通常都非常有效，并且是在很短时间内就能看到效果。

第2章

赶 走 烦 恼

假设当你让自己不开心，你的感觉和行为与你自己的利益相悖，你把自己原来那些健康的需求变成了不健康、不理性的强制要求。在这本书里，我会一直解释和强调，你能够快速发现这些不理性的想法，并且对它们进行反驳。

要找到那些让自己烦恼的想法，有一个简单的规律，就是假设那些带有强迫性质的想法大致可以分为三类。以下就是你在负面情绪产生后应该寻找的三大类带有强迫性质的要求。

引起严重抑郁、焦虑、恐慌，对自己失望等感觉的想法："我一定要在重要的项目上出色，受到权威人士的认可，否则我就是个没有能力、让人讨厌的人！"

引起强烈且持续的愤怒、暴怒、狂怒、不耐烦、痛苦等感觉的想法："其他人，尤其是那些我关心和照顾的人一定要对我好，否则他们就是烂人，活该受苦！"

引起无法忍受挫折、烦恼、自怨自艾等感觉的想法："我生活的环境一定要轻松愉快，否则这个世界就是个糟糕的地方，我根本忍受不了，而且我再也不会快乐了！"

如果你有以上任何一种感觉，如果你的行为违背了你自己和你所在的社会集体的利益，请在你的心里找找有没有这三种想法的存在。假设你有其中一两种想法，或者三种想法兼有，你又是一个天生对自己要求很高的人，那么你就很容易在生活中遇到不幸的时候产生这些负面想法。

为什么你总是"用这些想法困扰自己"？因为和其他人一样，你总是不由自主地追求伟大的目标。从你出生，长到几岁之后，你就有想要继续生活并且快乐的强烈愿望，你会很容易就有了诸多要求。你的想法经常从"我真的很想成功"很快变成"我一定要成功！"；从"我真的希望他喜欢我"变成"那么，你就一定要喜欢我"；从"我希望我的生活条件是舒适的"变成"总之，我的生活条件一定要舒适！"

你是一直将自己的强烈愿望变成傲慢的要求吗？不，不是一直，但却是经常！如果你的一个小小愿望，例如赢一场乒乓球赛或者看一场电影，没有实现的时候，你不会觉得那么难受。但是一旦你有了强烈、巨大的愿望，例如成为乒乓球比赛冠军或者一定要看今晚那部年度最佳电影，因为里面有你喜欢的明星。如果这个愿望受挫，你会又哭又闹："我一定不能失去这个机会。太糟糕了。我很生气！我实在不能忍受！我的生活就是一场空。活下去还有什么意义？"

你生来就有这么多要求吗？也许是的。还是婴儿的时候，你就需要被照顾，把你喂饱，让你暖暖和和的，不受到伤害。否则，你早就夭折了，也不可能再有现在这些要求和抱怨了。

再有，由于天生就有诸多要求需要满足，儿童时期的你就被宠坏了，衣来伸手、饭来张口，从不需要付出任何艰苦努力。仅仅是因为年纪小又可爱，你就受到各种爱护和照顾。你的父母和亲戚，因为有了你这样的孩子、孙儿、侄子或者侄女而感到非常开心，所以他们也许会将你宠坏。

随着时间的推移，你还是保留着一些孩子气的要求。你身处的文化以寓言、故事、电影、广告和流行歌曲的形式一再地告诉你，你应该拥有昂贵的玩具，尝遍各种美味的冰激凌，成为小区里最聪明、最有天分的孩子，得到所有你真正想要的东西。再大一点，这些传播媒体又向你灌输你应该成为摇滚巨星，成为百万富翁甚至成为美国总统的观念。是的，至少是这样的！事实上，这些媒体告诉你的是，如果能够成功当然比较好，但是你却把它解读成了你一定要成功。

所以你可以看到，你在生活中的种种强制要求，既是与生俱来的，又是人为塑造的。你不知不觉地把自己的强烈愿望和追求变成了不可理喻的要求。要摆脱这种思维方式，需要大量的时间和努力，而你却根本懒得在这上面花时间和精力。

让我们来面对这个问题吧，你可逃避不了！作为成年人，你当然还可以抱有孩子气的期望和要求。我们大多数人都这样，这些愿望也不会要你的命。但是，它们却会让你活得非常痛苦。是的，绝对如此。

为什么？因为你的愿望和社会现实相左。从个人的角度来说，你不可能永远成功，更别说以完美的方式获得成功。作为一个凡人，你就不是完美的。

至于你希望别人必须每时每刻都讨好你、爱你、服从你，省省吧！他们怎么可能会这样？不管你信不信，他们成天想的都是讨好自己，这就是他们的本性！

还有你希望这个世界的运作是刚好必须给你所有你想要的东西，哈哈，那肯定不可能！老实说，宇宙可不在乎你有什么样的愿望，对你也没有丝毫兴趣。没有，一点儿都没有。这个宇宙对你无憎无爱，它只是以自己的方式（好或坏）运转着。那些像你一样活在这世上的人以为能够改变这世上的某些东西。是的，他们能够改变经济、政治、生态或者其他恶劣的环境。但是他们真的能够吗？不一定，也不可能那么彻底，那么随心所欲!

再回到我们自己这里。你想要，特别想要成功，想要别人能待你好，有舒适的生活条件。没问题，你尽可以这么想。但是当你认为一定要让自己的这些要求实现的时候，可要小心了。你的这些神仙般的要求只会带来失望、苦恼和"恐惧"。当然，并不是说你、其他人，或者这个世界会真的变得让人恐惧。但是一旦你的这些高高在上的要求得不到满足，你就会很容易觉得这个世界很可怕，也会让自己很不开心。

这就是你那些教条般的、说一不二的要求带来的后果，也就是将自己和别人都妖魔化，让自己和别人陷入无法忍受的困境。随着你的这些要求出现的是另一些不理性的想法。前面我们提到了人们通常有三类非理性、不可理喻的要求，当你向自己提出这些要求时，通常还会伴有一些次级的不理性想法。

- "我一定要在我的人际关系(或者在体育锻炼、生意、艺术或者科学)上获得成功，现在我还没有像自己要求的那样成功，① 太糟糕了，太可怕了！② 我无法忍受这一点！③ 我是个没有价值、一无是处的人！"
- "你没有像你应该的那样对我好，① 太糟糕了，太可怕了！② 我无法忍受这一点！③ 你是个没有价值、一无是处的人！"
- "我的生活条件没有像它们应该的那样舒适，① 太糟糕了，太可怕了！② 我无法忍受这一点！③ 这个世界糟透了，根本没法给我我想要的，应该立即毁灭！"

再强调一次，你天生就是这样容易被外界干扰。从小到大你受到的教育就是你应该得到你想要的一切。你所处的文化总是告诉你，你的要求就该获得满足，但是你最好抛弃这种孩子气的想法。使用理性情绪行为疗法，你能够积极地驱除那些困扰着你的不合理的想法。

如何才能减少这些不合理的想法以及这些想法带来的对自己不利的倾向呢？当你觉察到自己有痛苦的感觉和行为时，要找到内心的那些不合理想法，跟它们辩论，使它们变成适度的期望或者有效的新理念。你也可以反驳"一切都糟透了，我无法忍受了"这样的不良情绪。例如，你可以用下列这样现实、有逻辑、实用的观点来告诉自己。

- 反驳"一切都糟透了"的想法："为什么如果我不能成功或者其他人和环境对我不好时，就太糟糕、太可怕了？"

第一个回答："不是这样的！如果这样就是糟糕的话，那情况就不可能再坏了。然而，很显然，我会遇到更糟糕的情况。我可能会比现在失败得多，或者周围的人和环境会对我坏得多。但事实是，我遇到的情况没有那么绝对的糟糕。"

第二个回答："当我觉得一件事情非常糟糕的时候，我总是觉得它比糟糕还要糟糕，或者是101%的糟糕，但是没有哪件事情能够比百分之百糟糕还要糟糕。"

第三个回答："如果事情真的是这么糟糕和可怕，那就会比它应该达到的程度更可怕。但是现在这件事情已经这样了，不可能更糟糕了。事实上，它只能是和眼下的情形一样糟糕。现在，它不可能比眼下的情形要好。但是，既然我把这种情况称为可怕，就意味着它不应该存在。可是所有存在的事情就是存在了，所以也就意味着世界上没有一件事情是真正糟糕或者可怕的，而这些词都是形容最糟糕的情形的。世界上很多事情都是不好的或者很不好的，也就是说，这些事情与我的利益或者我选择共同生活的群体的利益相左。但不管它们有多么不好，它们只是某种坏运气或者大麻烦，远没有达到糟糕、可怕的程度，除非我自己强行给它们贴上这样的标签。只是运气不好而已！所以我应该努力改变这种运气不好的状况，或者如果我发现自己真的改变不了的话就坦然接受。

不停地抱怨事情有多糟糕只会让它看起来更坏，并且让自己感到痛苦！"

第四个回答："如果我将失败和别人的拒绝定义为糟糕而不是坏运气，这个标签会带给我什么？通常都会是可怕的结果！我会变得恨自己，恨别人，恨这个世界，让自己的生活更加痛苦。我得到的只能是极度抑郁。"

- 反驳"我无法忍受了"的想法："哪里有证据表明我无法忍受让人很不舒服的、烦人的、很不公平的境遇？"

回答："哪儿也没有！这都是我自己想象出来的。如果我真的忍受不了那种恶劣的环境，我早翘辫子了。但是我不可能因为觉得不舒服、生气或者不公平就离开人世，尽管我很可能会以为自己无法忍受这些而愚蠢地把自己杀死。

"同样，如果我真的无法忍受失去所爱的人，工作失败或者受到不公平待遇，我的余生也因此再也快乐不起来，再也无法享受生命中的一切。记住，这是一派胡言！不管我的生活中出现了什么，是的，即使是贫穷或者绝症，如果我相信自己能够，并且努力寻找，我还是能够找到生活中的快乐的。所以我能够忍受和容忍，几乎任何我不喜欢的事物。"

- 反驳"对自己和其他人的责骂"："如果我不能像自己要求的那样成功，我怎么就是一无是处了？如果其他人不像我要求的那样一定要对我好，他们怎么就一无是处、不配活着了？"

回答："绝不是这样！我也许经常干些蠢事，但是我那些愚蠢的行为并不意味着我就是一个毫无价值、一无是处的人。除非我就是这样看待自己的！其他人可能会对我不好、不公平，但他们的恶劣行为也并不就意味着他们是坏人，不配活在这世上。没有人，包括我自己和别人是不配成为人的，最差也只是个会犯错、不善良的人。"

反驳让自己充满挫败感的、不理性的想法是理性情绪行为疗法主要的，也是最有作用的方法之一。你可以诚实地承认其他人或者事都不可能真正地让你不开心，相反，你可以选择是否让生活中遇到的挫折或者不幸来折磨你。就像在我的一本最畅销的运用理性情绪行为疗法进行自助治疗的书的标题中说的那样，你可以想办法"固执地拒绝让任何事使自己的生活变得痛苦"。

真的吗？是的，真的是这样。也许从你出生到后天接受的教育都让你容易为很多事情感到恐慌、沮丧或者愤怒，是的，很多人都这样。而且，这种倾向也有生理上的原因：即使你的生活中很少或者没有遇到挫折，你的大脑和身体上的化学反应也会让你很容易感到不安和忧虑。太糟糕了！太难了！即使自己不这么想，你也会陷入一种感觉和行为上的不适。是的，这种感觉源于你的生理反应，有时候是因为身体遭遇了一些不寻常的痛苦，例如营养不良或者遭受过虐待。然而，你现在因为精神和肉体上的痛苦而产生的恐惧和害怕的感觉在很大程度上还是你自己引发的，是你的思维的产物。

这是怎么造成的呢？因为即使当你的生理和你的经历会让你产生痛苦，你"一般"会有一种很强的倾向让自己因为这些"痛苦"而产生痛苦的情绪。因此，你的身体也许会不对劲，某天早上醒来你会没有原因地感到抑郁，然后也许你会一直抑郁到你的身体重新达到平衡或者你通过服用抗抑郁剂来帮助自己的身体摆脱抑郁。但是使情况更糟糕的是，你会强行告诉自己，"我一定不能抑郁！""我的身体不对劲，这太不公平了！我不能忍受这种不公平！""我这么抑郁，我这个人太没用了，特别是当我根本没有什么特别的原因感到抑郁的时候！"这些与抑郁有关的不理性的想法只会加重你的沮丧，通常会让你比一开始更加抑郁。

同理，也许因为孩童时期遭受过严重的、无法抵抗的身体或者性虐待，结果你陷入严重的抑郁。但也不完全是这样：如果有 100 个小孩曾经跟你一样遭受过严重虐待，不见得他们每个人都会陷入重度抑郁。

无论如何，如果因为儿童时期遭受过虐待而感到无比痛苦，你现在也许会陷入不理性的思考中，"我小时候遭受的虐待绝对不应该发生！这种不公平太可怕了，我现在就连想到它都觉得无法忍受！""虐待我的人就是百分之百的人渣！我的余生都将恨他们，并且一定要报复他们，如果这是我死之前做的最后一件事！""我一定是一个懦夫，才会让自己受到他们的虐待！"这种不理性的想法会让你原来的痛苦不断浮现，而不是慢慢平息。一般来说，如果你不是一味沉溺于自己的痛苦中并且通过扭曲的想法来强化它，你的痛苦会慢慢消失不见。

教训：即使生理上的残疾和遭受虐待的痛苦经历会让你很容易感到极度的痛苦、抑郁和愤怒，你的那些对自己不利的、不理性的想法会增加自己的痛苦，并且使这种痛苦持续不断地存在并大大加强。正如我一再指出的，你很幸运能够创造并且延续自己的痛苦。这也就意味着你能自己平息这种痛苦。是的，如果运用自我的力量，你能够做到！

如果你只是经历了生活中普通的烦恼和挫折，例如在学校、工作或者爱情上失意，只是有些不合理的要求并且在情绪上反应过度的"神经质"，难道你不也是幸运的吗？难道这不比因为身体上的残疾造成人格上的严重缺陷好得多？

老实说，确实如此。我所谓的神经质，或者几乎人类社会的所有成员，是故意对生活中的不幸反应过度，因为他们愚蠢地坚持认为这些不幸不应该发生。他们有意无意地把自己训练成这样。因此，他们完全能够（当然要付出一些努力）训练自己接纳生活中的不幸和困境。这样多好啊！

即使是情绪上有更大困扰的人，也能够让自己不那么忧郁。但是并不容易！需要付出更多的是（有时候是多得多的）时间和努力。所以让我们祈祷你和绝大多数人一样，只是普通的、轻微的神经过敏。那么这本书就是为你而作，而且能在很短的时间内就起到很大的作用。当然，前提是你能仔细阅读并且使用书中提供的方法。

但是，假如你的情况更糟糕，你并不仅仅是神经质，那你是不是就可以放弃这本书，去找一位心理医生，匆匆忙忙地接受药物治疗，也许去一家精神病院待着？

也不见得。本书中提到的一些方法也许能够帮到你，所以不要一味地拒绝或者坚持你一定得靠自己的力量克服情绪上的病痛。当然，如果你患了糖尿病或者癌症，而且你不是一个狂热的自然疗法信徒，那你就需要去看医生。如果你得了精神病，就得去看一位精神科专业医师。不能耽搁，你得赶紧去找一位最好的临床或者执业医师。不管你现在有多大的困扰，你一定能够得到药物和心理治疗。去寻求专家的帮助！赶紧！

那这本书对你还有用吗？很可能有用。这本书描述的理性情绪行为疗法和认知行为疗法在一些精神问题最严重的人身上都得到了成功的应用，包括精神病患者和有严重人格障碍的人。尽管他们没有被完全治愈，但还是获得了很大的帮助，能够生活得更加充实和快乐。所以，如果你或者你的朋友和亲人是精神病患者，仔细阅读本书并且采用书中提供的方法，将会有很大的帮助。多年来，我的数百位读者和听众寄来的信件就证明了这一点。无数精神科专家也告诉我，他们的病人和客户经常从书面和口头的理性情绪行为疗法资料中获得很大的收益。

再回到你。你之所以正在阅读本书，我猜，正是因为你或者你认识的人出现了情绪问题。书中提供的方法会产生奇迹吗？不会。那它们会起到很大的作用吗？如果你能仔细地思考并且运用这些方法，很可能。试一试，做做试验。看一看是不是有用。如果这些方法能减少你的困扰，让你更加快乐，很好。如果它们能让你在情绪健康方面有更深、更持续的改善，请告诉我。如果它们能够帮助你让自己快乐，并且情绪更加稳定，那就太棒了！那就是我希望你能达到的目标。我相信你能够达到目标。如果你达到了这个目标，请一定写信告诉我。我正在编纂一本书，这本书将收集所有使用过理性情绪行为疗法和其他疗法让自己的情况得到很大改善的人的报告。让我把你的故事也收进书里如何？

　　下一章将具体阐述什么是理性情绪行为疗法。你能快速使用这种疗法减少几乎任何情绪上的困扰，之后再继续进行更深入、密集和持久的自助治疗。

第3章

如何改变自己

记住：在很大程度上，是你让自己充满了烦恼，也是你让自己快乐起来。

在我第一本自助治疗书《如何接纳自己的"神经质"》（*How to Live with A"Neurotic"*）中，我告诉读者，情绪上的困扰大部分源于不愚蠢的人做出的愚蠢行为。感到烦恼的时候，你为自己确定了目标和方向，主要是活着以及快乐生活，然后你就（令人难以置信地）反其道而行之！由于你愚蠢的思想、感觉和行为，你变得（不对，你使自己变得）严重焦虑、抑郁、愤怒、自我讨厌和自我可怜。伴随着这些对自己不利的情绪，你常常要么情绪不振（例如不停地给自己找借口、拖拖拉拉、消极怠工，或者患上各种恐惧症），要么躁动不安（例如酗酒、吸毒、暴饮暴食、吸烟，或者患上各种强迫症）。

怎一个乱字了得！然而，幸运的是，如果你现在陷入烦恼之中，其实很大一部分原因是你让自己变成了这个样子，你创造了这些对自己不利的行为。这是理性情绪行为疗法的主要理论基础之一，也是我在本书从头至尾将一直强调的一点。你不是被动地变得难过。你在很大程度上有意识或者无意识地制造了自己的烦恼。而且你会发现，这是件好事。是的！因为如果你能让自己难过，那你也有能力和力量让自己不那么愚蠢，并且减少自己的烦恼。

通过学习理性情绪行为疗法，你随时可以调整自己的心态，并且在自己的余生能够真正调节自己的情绪，变得不那么容易感到烦恼。什么意思呢？就是说，当你理智地思考、感觉和行动的时候，你会战胜想要给自己（和别人）带来情绪问题的冲动，而且如果能够一直保持这种状态，你将很少用任何问题（是的，任何问题）来严重困扰自己。不仅如此，当你再一次陷入过去那种负面思考模式的时候，你能通过再次使用同样的技巧来快速、轻易地改变这种状态。要做到这一点，需要使用理性情绪行为疗法涵盖的各种方法，或者在其他认知行为疗法（cognitive behavior therapy）中遵循理性情绪行为疗法的理论和实践后实施的类似方法。

何谓理性情绪行为疗法

如何使用理性情绪行为疗法让自己很快高兴起来，并且在以后的日子里没有那么多烦恼？首先，我要对理性情绪行为疗法中的 ABC 三大要素做一番介绍，这三大要素虽然简单却至关重要。我在 1955 年首次推出了这种疗法，主要是基于哲学家们的理论，而非当时流行的心理学家或者其他心理治疗专家的观点。（除了对于理性情绪行为疗法的介绍，以下的某些观点你在前一章已经看到过。）

简单地说，你一开始会设定一些目标（goal），然后你会遇到一些助力或者使你无法实现目标的阻力。因此，

- A 代表助力（activating event）或者挫折、阻力（adversity）。例如，

你很想在学习、工作、体育运动或者人际关系中获得成功，实际情况却是差强人意。

- B 代表想法（beliefs），尤其是不理性的想法，觉得自己会失败或者被拒绝。例如，"我绝不能失败！我一定要获得认可！失败太可怕了！如果被拒绝，我就一无是处了！"

- C 代表随挫折和不理性的想法而来的结果（consequences）。例如，极度焦虑和抑郁的感觉。不利于自己的行为，即打退堂鼓，放弃目标。例如，退学，不敢试着去找好工作，中途退出体育比赛或者拒绝约会及结交密友。

为了进行详细解释，我们从 C（在你的情感上造成的结果）开始，它通常紧随着你体验到 A（不幸或者令人沮丧的阻力或者挫折）之后。不，为了更准确一点，我们还是回到 A 和 C 之前，从 G（你的主要目标）开始。

假设你的主要目标（G）是再活好多年，并且快乐地生活，尤其是和一位长期伴侣一起。为什么这些是你的主要目标呢？因为你相信它们会给你带来快乐。你之所以这样选择，是基于你的生理倾向、你的家庭和文化给你的影响，以及你的个人愿望。好的。你有权选择这些目标或者任何其他目标，只要你没有影响其他人选择自己目标的权利。

现在，假设你还好好活着，但是你拥有一段长期稳定关系的重要目标受阻。在阻力（A）这一点上，你最希望能和你在一起的那个人拒绝了你，并且说："不要在我的生活里出现！我不希望跟你有任何关系。你不是我想找的类型！"

阻力使你的目标和兴趣无法实现，因此，这是一种不幸。这的确让人伤脑筋。所以在 C（你的情感上造成的结果）点上你立刻感觉很糟糕。至少，你觉得很挫败和失望，因为你的目标、你的合理愿望遇到了阻碍和挫折，撞得粉碎。这不可能让人觉得"很好"或者"很棒"。至少对你来说是这样。

理性情绪行为疗法认为，当你的目标（G）因为阻力（A）无法实现，让你觉得挫败和失望（即处于 C 点）的时候，你的感觉是负面的，却是健康且有用的。因为当一个你期望共同生活的伴侣拒绝你的时候，强迫自己高兴或者振作起来都是不好或者不健康的。你会变得喜欢那些自己并不想要发生的事情，这也太奇怪和不健康了！

同样，当你在 A 点被拒绝后，如果你完全无所谓或者在 C 点（也就是情绪上）毫无反应也是不健康的。因为这样你就会倾向于放弃拥有一段长期稳定的关系，也不再尝试接近另一个人。

因此，理性情绪行为疗法中描述的 A 到 C 的因果关系显示，当你的任何一个目标受阻而无法实现时，你都应该产生强烈的负面情绪，否则你将没有动力来寻找更好的助力来帮助你或迟或早地完成你最想要完成的目标。

但是，理性情绪行为疗法中 A 到 C 的因果关系也指出，遇到阻力之后，最好不要产生不健康的或长期困扰你的负面情绪。这些不健康的感觉包括焦虑、抑郁、自我厌弃、对他人的愤怒和自怨自艾。为什么要避免产生这些情绪呢？因为它们一般会影响你完成自己的目标，而且这些情绪本身也会让人感到不必要的痛苦。

A 到 C 的因果关系还提醒你不要陷入对自己不利的行为中去，这种行为常常随不健康的情绪而来。因此，当你被一个你期望与之成为伴侣、要共同生活的人明确拒绝而感到极度抑郁的时候，你会在与其他人的交往中变得害羞胆怯，或者拒绝与他人约会。这样你就不会再次被拒绝，也就不会再一次感到抑郁了。或者，你会走向另一个极端，在绝望中强迫自己不断去约会，希望其中至少有一个人能够接纳你。

理性情绪行为疗法中的这个观点有些不同寻常：你可以选择自己的

情绪和行为。当重要目标受阻时，你可以在很大程度上选择产生健康的或者不健康的情绪作为结果，也可以选择在 C 点做出充满希望或者不利于自己的行为。一般来说，当目标受挫时，我们会产生一定的行为作为反应。但是，如何做出反应完全在你自己。

现在我们谈谈理性情绪行为疗法 ABC 三要素中的想法（B，belief system），即你对阻力（A）的想法、想象和评估。首先，你的想法包括你的偏好、愿望和需求；其次则是极端的要求、命令、一定要的愿望以及诸多你觉得应该实现的想法。所以你的想法分很多种类，各有不同，也会产生好的和不好的结果。

先以你的偏好为例。还是拿你的一个重要且合理的目标来说，即你需要有一位关系稳定的亲密伴侣。在阻力（A）这点上，你被自己选中的这个人拒绝了，她告诉你："请不要再打扰我的生活了！我对你没兴趣。你不是我要找的类型！"你们有可能形成的亲密关系彻底成为不可能。

假设，对于对方的拒绝，你的想法（B）只是一种倾向或者愿望："我真的希望能被她接纳，我真的不愿意被她拒绝。但是我还有其他选择。我能找到另外一个适合我的伴侣，并且享受这段新的亲密关系。即使永远无法跟自己心仪的伴侣有稳定的关系，我也能活下去，并且愿意接受短暂的亲密关系，或者甚至一个人快乐地生活下去。嗯，就是这样，只是现在我该如何找到自己更愿意接纳的人生伴侣呢？"

当你在 B 点上心中抱持的是一种倾向或者愿望，此时你若遇到 A 点（即阻力），会有怎样的感觉呢？结果很可能是你会觉得非常伤心和失望。这些是健康的情绪，因为你确实没有得到自己真正想要的东西，但这些不愉快的情绪会激励你继续寻找心中所想。这是很好的。不愉快的感觉，例如伤心、失望、后悔和挫败感会激发你，以及所有人努力改变阻力，获得自己想要的结果，例如之后其他人的接纳和青睐。因此，这些情绪即使是不愉快的，却仍然有益于你。当你的愿望受挫时，产生这些情绪是很健康的反应。所以，让你的想法（B）变成一种倾向或者选择！它们会对你有帮助。

然而，如果你对自己遇到的阻力（A）抱持的是一种必须或者命令式的想法（B），那就得小心了。假设你被一个自己喜欢的、心里希望能成为伴侣的人拒绝了，而你的想法是："我不能遭到拒绝！我必须要让她接纳我！我需要一段稳定的伴侣关系，失去了这段关系就证明我是一个一无是处的人！被拒绝简直太糟了！我实在不能忍受！我干脆放弃好了，再也不想跟别人接触了！"那你在 C 点会有什么样的结果？

你有很大的可能会觉得沮丧、恐慌和自我厌弃。你那些命令式的想法和不健康的情绪会给你带来什么？也许你会一无所获。它们只会让你放弃约会，不再尝试寻找新的伴侣。或者凑合着和一个你不喜欢的人在一起。这些行为没有一个是健康的！

所以我们来做个总结：当你的一些重要目标（goal）受到阻力（adversity，即在 A 点）的时候，你的反应主要是一种倾向或者愿望（在 B 点），你想要获得的东西，如果没能得到，你也会继续寻找，在这个时间点，你会产生一些即使不愉快却健康的情绪，而它们带来的是积极的行为（即 C 点）。但是如果你把自己的愿望换成一种必须达成的要求，则通常会产生不健康的、毁灭性的负面情绪，只会带来对自己不利的行为。你的整个行为过程是由 A 到 C，但实际上从 B 到 C 的过程更重要，因为你在 B 点上由 A 产生的想法、想象和结论在很大程度上决定了你在 C 点的情绪和行为。

如果理性情绪行为疗法的三元素是准确的（其实有很多心理实验、心理疗法及心理咨询疗程都显示它们确实是准确的），作为一个会思考的人，你有能力观察自己的想法，并且发现自己那些带有绝对性的要求和想法在很大程度上导致了对自己不利的情绪和行为，那么你需要将这些要求和想法转变成强烈的愿望，而不是不切实际的、毫无理性的要求。

例如，假设你的求偶目标因为一个你心仪的潜在对象的拒绝而受挫，你就会感到极度沮丧，觉得自己没有一点儿用，而且再也不想寻找一位伴侣。感觉如此糟糕的时候，你想要改变自己的行为，将它变得积极一点儿。那么你应该怎么做呢？

你要做的就是反驳自己的想法（D点，disputing）。承认自己具有对自己不利的想法，在理性情绪行为疗法中，我们将之称为不理性的想法（irrational beliefs，IB），你要挑战这些想法，将它们驳倒，直到你将这些想法转变为健康的理性想法（rational beliefs，RB）或者愿望。有三种方式可以帮助你实现这种转变：让自己换一种方式去思考、感受和行事。

思考方式

我们来看看如果换一种思考方式，你能做什么。既然你知道了自己的感觉和行为太消极（与你的目标和利益相左），你会假设自己同时有健康的需求（RB）和不健康的绝对要求（IB）。你经过仔细思考找出后者。你会发现我之前提到过的一些不理性的想法："我不能被拒绝！我一定要被接纳！我需要一段稳定的亲密关系，失去它就意味着我是一个毫无价值的人！这种拒绝太可怕了！我无法忍受！我也许以后也不应该谈恋爱了！"

然后，你再从三个方面驳倒这些不理性的想法：①以现实为基础或者实证式；②以逻辑为基础；③从实用的角度。这样做，你就获得了有效的新理念（effective new philosophy）。

让我们试试这些方法。

（1）以现实为基础或者实证式的辩驳。"哪里有证据表明我不能被拒绝？"回答 [根据我命名的"有效的新理念"（effective new philosophy，简称为 E）]："没有，除了在我自己这个古怪的头脑里！如果这个宇宙里有一条定律规定我一定要被别人接纳，那我怎么可能还会遭到别人的拒绝？现在没有这样的定律存在。事实是我被拒绝了，而且将来还很有可能被别人拒绝。我现在要思考的是如何让我自己喜欢的人更加接纳我，而不是拒绝我。我当然希望被别人接纳，但不是一定要这样。"

（2）**以逻辑为基础的辩驳**。"我很想要一段稳定的关系，但是我一定要有这样的关系吗？失去一个潜在的伴侣怎么就证明了我是一个一无是处的人呢？"回答（E）："证明不了。它只能证明我这次失败了，但并不代表我就是一个彻头彻尾失败的人，没有一丝价值可言。我不能从'我这一次不好'就跳到'我是一个可怜虫'这样的结论，这不符合逻辑。"

（3）**从实用的角度进行辩驳**。"如果我的想法一直是，'我不可以遭到拒绝''如果遭到拒绝，我就是一个没用的人''这个拒绝太可怕了'和'我无法忍受被拒绝'，这些不理性的想法会给我带来什么？"回答（E）："什么也带来不了。我只会让自己非常抑郁。我会以为再也没有人愿意接纳我，这种想法只会让我继续失败下去。我会放弃寻找新的伴侣，并且再也找不到这样的人。即使最终找到一个喜欢的人，我也会害怕失去她，结果轻易就毁了这段感情！"

当你不断积极地反驳那些对自己不利的、不理性的想法时，你很有可能产生一些更理性、更积极的想法（RB），例如："我讨厌被自己中意的人拒绝，但是我会找到愿意接纳我的人，即使找不到，我也能快乐地生活。如果能够被接纳当然很好，但是我不是一定要被别人接纳。我想要自己的愿望得到满足，但并不是必须满足这些愿望。即使这次失败了，也并不表示我就是个彻头彻尾的失败者。这次拒绝也许会给我带来不便，但绝不是可怕或者糟糕透顶！我不喜欢被别人拒绝，但我能够忍受这种感觉，仍然愉快地生活下去。"

遭遇重大挫折后，如果你出现了对自己不利的思想和行为，如果你有了不理性的想法（IB），只要强迫自己对这些不理性的想法进行反驳，你最终会产生一些理性的想法（RB），这些想法会带来一些正面的、健康的感受和行为。你就有可能实现更多的目标，产生更少的烦恼和不快。

所以，积极有力、持续不断地反驳那些对自己不利的想法吧，它将对你有很大的帮助。它会帮助你产生健康的想法、情绪和行为。还有其他有效的方法吗？当然，还有一些思考、感受和行为方式也对你有帮助。正如我在为专业人士和广大读者所写的诸多著作中指出的那样，理性情绪行为疗法是集多种疗法之大成。我将在本书的后续章节中对那些最有效的疗法一一进行介绍。

第4章

信念的力量

数千年来，无数哲学家和传道者们都曾说过并且写到过：你能解决自己的情绪问题。他们中有古代亚洲的圣人们，如孔子、释迦牟尼、老子等；古代希腊及罗马的哲人，如基提翁的芝诺、伊壁鸠鲁、西塞罗、塞内加、爱比克泰德、马可·奥勒留等；古代犹太人和基督徒，如摩西、犹太谚语的作者们、犹太法典《塔木德经》的评注者们、耶稣、圣徒保罗等。

现代作家和哲学家们的著作中也多次提到这个观点：你能帮助你自己。这些作家和哲学家包括：迈蒙尼德、斯宾诺莎、康德、爱默生、梭罗、杜威和罗素。但遗憾的是，这个观点遭到了弗洛伊德和其他心理学家的扭曲，他们宣称你能帮助自己的"正确"方法是找一个具有同情心的专业人士进行谈话。阿尔弗雷德·阿德勒、卡尔·荣格、埃里希·弗洛姆、卡伦·霍妮、卡尔·罗杰斯和其他很多心理学家们都抱持这样的观点。现在绝大部分心理治疗师们还是这样认为。他们大都会说，如果你感到焦虑、抑郁或者愤怒，你最好进行几个月或者几年的谈话疗法来解决这个问题。

当然，这样做也没有什么不好，但是这些心理学家并没有进一步的发展。55年来，我一直是一个勤奋工作的心理治疗专家，我跟病人进行的谈话、我服务过的客户可能超过其他任何一位心理治疗师。85岁的时候，我每天的工作主要还是接待客户，从早上9点半直到晚上11点，其中还包括每周指导4个治疗小组，主持每周五晚例行的工作坊。在这个工作坊里，我会对自愿前来的客户进行公开治疗，所以我可不是个懒惰的人！

1955年年初，我发明了首个认知行为心理疗法，即理性情绪行为疗法，从而改变了心理疗法的面貌。这种疗法主要是谈话疗法，因为形式就是我和客户进行谈话，他们则是想说什么就说什么。但它也是关系疗法，作为认知行为心理治疗师，我总是尽最大努力无条件地接纳我的客户，不管他们行为是否良好或者性格是否可爱。我还教他们如何能在任何情况下、任何时间都能无条件地接纳和宽恕自己，当然，不包括接纳和宽恕自己的某些行为。除此以外，理性情绪行为疗法还包括社会和人际交往技巧训练。

不仅如此，从一开始我就给客户布置了家庭作业，包括阅读、写作、听录音、参加讲座和工作坊。我于1956年完成了我关于理性情绪行为疗法的第一本著作《如何接纳自己的"神经质"》，接下来我又写了一系列的书指导读者如何更好地生活，如何改善两性和婚姻关系，如何去爱。其中一些书，例如《理性生活指南》，取得了空前的成功，也鼓励了其他作者去创作以认知行为理论为指导的自助治疗书籍。你要是去看看《纽约时报》上或者其他一些非虚构类畅销书的榜单，就会发现类似的书籍大都在榜单的前几位。

这些自助治疗手册以及本书的主要观点都很简单：你能够显著地改善自己的情绪问题。那你应该从哪里开始呢？作为一个哲学家同时也是治疗专家，我要说：只需要具备一些积极向上的态度，只要你相信，你就能够改变自己。在本章，我将向你们介绍几个能改变生命的重要信念。

基本信念一

"就因为我总是自寻烦恼，我肯定也可以不再自寻烦恼。"

就像我在前几章中观察到的那样，心理分析学家们和其他各种形式的心理治疗师们总是告诉你，你的父母、你身处的文化和你痛苦的过去是你烦恼的根源。胡说八道！这些外在因素确实没给你带来任何好处，只有伤害。因此它们也只是增加了你的痛苦，却不是引起你痛苦的原因。你也许会觉得奇怪，其实你自己才是你痛苦的根源。你与生俱来就有让自己快乐的能力，同时也有让自己痛苦的能力。

当你让自己陷入烦恼的时候，你自然而然地想要否认这一点，并且将那些伤害自我的感觉和行为归咎于其他人："是你让我生气的。""我爱人惹恼了我！""这天气真让我难受。""眼下的情形真让我坐立难安。"错。这种逃避手段每个人都会使用，无数心理学家、作家、诗人、历史学家和社会学家几个世纪以来也一直持有这种观点。

为什么我们会做出这个错误结论呢？因为这么想对每个人来说都是很自然的。即使是最聪明的人在观察了人类的生活后也会看到这个"事实"。我们的生理结构和成长过程都决定了我们很容易被外界左右。我们总是无法看清事实真相，不愿意接受现实中灰暗的一面，为生活中的某些不幸承担责任。我们总想把责任推到别人身上，或者归罪于环境；尽管我们的理由有一部分是正确的，我们还是有些自欺欺人。

就拿你小时候常会发生的一件事作为例子。你吃饭的时候不小心把一杯牛奶打翻了，桌子也湿了，家里人冲你嚷了几句。这个时候你很沮丧，开始啜泣。结果你的眼泪又招来责备，也许你父母还会揍你。你更难过了，难以平静下来，即使家里其他人想要哄哄你，让你感觉好受一点儿。

当你作为儿童看待这件事的时候，你觉得是因为"打翻牛奶"才导致后面的一连串"坏事"。你会自然而然地把这两件事情联系在一起：首先，你遇到了阻力（A），把牛奶打翻了；结果（C）是你父母冲你嚷嚷了，你哭了，结果因为哭泣你又挨揍了，因为挨揍你很伤心，结果难以平静下来。然而，你可能会错误地以为是你导致这些结果的发生。

在你观察这一连串"自然而然"发生的事件时，你可能会把阻力（A），即打翻牛奶这件事看作"坏的"或者"不幸的"，因为它导致了不愉快的结果。事实上，这件事既不好也不坏，因为有些孩子和他们的家人在 B 点（即想这一点）上会把这件事情看作是好玩的、愉快的，也会认为你作为一个孩子吃饭吃得很开心，玩杯子里的牛奶，并且学会了如何处理这个"好玩"的情况，整件事都太棒了。他们在 C 点（即结果这个点）上甚至会开心大笑。

但有些家庭则会把同样一件事情看得非常糟糕。因为在 B 点上他们把打翻牛奶这件事情看作（或者定义为）"特别讨厌"，结果他们也许会冲你嚷嚷，因为你"淘气了"，又"愚蠢地"把自己弄哭了，在他们试图让你安静下来的时候，你"更愚蠢地"继续哭闹。

换句话说，紧跟着你不小心打翻牛奶这个事件（A）的结果并不仅仅由这件事引起或决定。在这个案例（以及其他数不清的案例）中，C 非常明显地紧跟着 A 或者是 A 的结果，但其实 C 并不真的是 A 引起的。正如第 2 章和第 3 章中所强调的，C 是由 B，即你父母、其他家庭成员的想法及你自己对于 A 的看法造成的。

在你孩童时期以及长大后，这样的事件可说是层出不穷，发生的所有事件（A）都被贴上了"好的"或者"坏的"标签，即使是它们本身可能并无好坏之分。你关于这些事件的想法（B）取决于诸多因素，这些因素使你和其他人将你生命中发生的事件定义为"好的"或者"坏的"。

因此，如果你的父母相对宽容，并将你身上发生的绝大部分事件，包括打翻牛奶这件事，定义为"好的"，你就同样会这么认为。如果他们把这件事定义为"坏的"，你也会这么认为。你会忘了是你自己以及他们的想法让你打翻牛奶这件事成为"好事"或者"坏事"。

如果你清楚且有力地承认生活中发生的一切不幸都是你在自寻烦恼，你就有了反其道而行之的力量。不要因此就以为你能彻底改变你自己或者你的整个性格。你的强烈的生理和社会属性让你变成了现在的你。不仅如此，你多少年来一直在做着一些"好的"事情和"坏的"事情。因此，不要以为你能完全改变自己。你只能通过持之以恒的努力和练习来发生显著的改变。但不会是完全的改变，也不会是完美的或者绝对的改变。要有毅力，有决心。但是不要认为你一定要变得完美！

试着找找对你有用的方法。没有什么方案，包括本书中列举的那些，能够对所有人管用。尝试那些你认为会有用的方法，如果它们有效，就勇敢承认；如果它们没用，也同样勇敢地承认。如果它们没用，试试另一种方法。如果你很难改变自己，找一个好的治疗师帮助你。如果你的情况比较严重，你也许有特殊的生理或者情绪问题。你大脑里的神经介质可能无法正常运作。你体内的化学物质可能已经失衡。无论如何，先尝试自助治疗或者使用一些心理疗法。但如果需要药物治疗的时候也不要拒绝，吃药可能会有很大的帮助。

做做试验。看哪个方法对你有用。但要小心那些所谓的心灵导师和其他一些声称能够创造奇迹的狂人。向专业人士寻求帮助，而不是所谓的新世纪或者旧世纪身、心灵大师。如果有任何一个人吹嘘有快速、奇迹式的治疗方法，但又缺乏科学数据支持，赶紧逃走吧，去找离你最近、最好的专业心理治疗师。

现在再来谈谈你的态度，尤其是那些与自我改变有关的态度。它们是催生你自我改变的原动力。首先，你最好相信，是的！你最好认为你能控制自己情绪的命运。不是其他人的思想和行为，不是这个世界的命运。不，只是你自己的想法、感觉和行为。是的！在本章中，我要接着介绍更多的基本概念。

基本信念二

"我肯定能减少那些引发我的情绪和行为问题的不理性想法。"

我在前三章中曾提到，在很大程度上，你可以选择是否因为生活中发生的不幸而感到烦恼或者泰然处之。通常你无法控制在你身上发生的挫折（A），但是你可以控制自己对于这些挫折的看法（B）。因此，你能控制随这些看法而来的情绪。

当挫折发生时，你可以在 B 点告诉自己，"我不喜欢这件让人讨厌的事情，所以让我看看可不可以改变它或者将它赶出我的生活。如果我无法改变它，很糟糕。现在我先暂时忍耐一段时间，接受我无法改变的地方。过一阵子，我再看看情况是不是真的不能得到改善。"

因此，当你生意失败、感情破裂或者输了一场比赛的时候（在 A 点），你可以说服自己（在 B 点）你确实不喜欢失败，但这次失败并不表示你从头到尾都是个失败者。然后你会（在 C 点）觉得难过和失望（这些都是健康的负面情绪），而不会让自己恐慌和抑郁（这些都是不健康、对自己不利的情绪）。

但是，假设你经历了同样的失败（在 A 点），并且固执地以为（在 B 点）"我不可以失败！如果我失败，是非常可怕和恐怖的！失败会让我成为一个一无是处的人！"然后在 C 点，你让自己陷入焦虑、抑郁或者自我厌憎，并且常常会出现一些消极行为，例如逃避、成瘾和各种强迫症。

理性情绪行为疗法则是促使你承担责任，并不是说你要对生活中发生的诸多不幸负责，而是要承担起对自己想法的责任。它让你了解如何将自己的想法变成期望，"我期望不会发生这么多不幸，但是即使发生了，我也能妥善处理，但不会为了让自己更开心而要求它不会发生。我要么改变已经发生的不幸，要么想办法安之若素"。如果你一直是这样期望，当你得不到自己想要的东西的时候，你会觉得遗憾或者受挫。这些消极情绪是健康的，因为他们会鼓励你改变遇到的挫折，或者泰然处之，而不是一直感到苦恼。

理性情绪行为疗法也认为，当你不理性地要求你的不幸必须减少时，你就给自己带来了烦恼，让自己的感觉和行为失常。因此，当你有这样强烈的想法（在 B 点），"我不能失去那个人和他的认可"时，一旦真的失去了那些东西，你会让自己感到极度抑郁（一种不健康的情绪），而不是合理的失望（一种健康的情绪）。即使你得到了他们的认可，也会让自己陷入恐慌之中，总想着以后会不会失去！所以让自己的期望变成绝对的需要只会让你作茧自缚。难道你还认为是你那可怕的父母造成了今天的悲惨生活吗？认清事实吧，是你自己。你接受了他们的观点，以为你需要，而不是想要别人的认可。你仍然由衷地以为是自己需要。

理性情绪行为疗法告诉你，每当你违背自己的兴趣思考、感觉和行动的时候，你就将自己那些健康的目标或者期望变成了僵化的应该或者就要如此。为什么你会这样呢？因为你是人，每个人都很容易将自己的期望变成不讲道理的必须。

太愚蠢了！将自己强烈的愿望变成极端的要求。但是你和其他人就是经常这个样子，尽管真的很愚蠢。而且当你得不到你认为自己必须得到的东西时，你就会不切实际并且更加愚蠢地认为，"太可怕（比糟糕还糟糕一百倍）！""我无法忍受（没有它我活不下去）！""我没有得到自己真正需要的东西，我就是一事无成的人！""现在我没法得到我一定要得到的东西，我再也不能实现自己的愿望了！"

幸运的是，尽管你会有消极的想法、感觉和行为，但同时你生来也具备积极的倾向能够驱走自己的烦恼。虽然像我们开始所说的，你无法改变自己遇到的不幸，但你能改变自己对于这些不幸的想法和感觉。为什么？因为是你给自己带来了烦恼。因此，你也可以幸运地赶走自己的烦恼，因为在这个世界上只有你能通过控制你的想法和感觉来让自己快乐起来！

基本信念三

"尽管我这个人很容易犯错，也动不动自寻烦恼，但我同样有能力通过换一种想法、感觉和行为来减少自己的烦恼。"

你可不是天生就喜欢自寻烦恼。不是这样的，你的那些对自己不利的想法、感觉和行为都是后天学习和形成的。当然，你天生就同时具有自助治疗和对自己不利两种倾向。而且是很强烈的倾向！太糟糕了。不要因为你的成长背景和对自己不利的倾向就责备自己。只要是人，就有这种倾向，这是与生俱来的。

你天生就有很多毛病，很不完美。无论你多么聪明、有天赋，你都会犯各种错误。因为你是人，你活着。你可以不喜欢这一点，但是你最好接受它。你天生就容易，而且会继续做很多愚蠢的、对自己不利的事情。再说一次，只因你是人，不是超人，也不是神。不管喜不喜欢，你总是会犯错，总是很容易犯错。

然而，你还是可以有一些选择。只因为你和所有人一样，有对自己不利的倾向，并不代表你一定要这样做。也许你成长的环境导致你很容易一天吃 500 克冰激凌，抽三包烟，或者把家里弄得乱七八糟。但这并不代表你就非要变成这样。

当然，你不可能有完全自由的意志。至少在一定程度上你是受遗传和幼时环境的影响。但并非是百分之百！你可以选择少吃（或者不吃）

冰激凌，戒烟，让家里保持整洁。你可以对自己的孩子很好，即使你小时候可能受过虐待。你也可以选择信仰任何你想要信仰的宗教（或者不信教），不管你小时候受过什么样的教育。尤其是你可以选择如何看待自己遭受的不幸。是的，你生来有把事情往坏处想或者抱怨的倾向。是的，你的父母、朋友和所处的文化都会鼓励你埋怨自己、别人以及这个世界。是的，你很容易将自己健康的期望变成对自己不利的、强迫式的要求。尽管你的身体、你的基因、你的家庭和你所在的文化都在影响你，你也不需要愚蠢地自寻烦恼。

不管你的天性或者后天的教育是什么，当你有了烦恼，你脑子里都是与当下有关的一些消极想法。理性情绪行为疗法一个著名的观点就是，在很大程度上（并非完全如此），你的烦恼是源于将自己内在的以及孩提时期被灌输的目标、价值观、标准和愿望变成了僵化的、不健康的、必须达成的目标和要求。毫无疑问，你的父母和社会也起到了一定的作用。但是，仍然是你自己选择了相信这些想法必须要达到。是的，这是你自己选择的。

最糟糕的是，当然也可以说最幸运的，不论你是如何、在哪里以及在什么样的情况下，相信了别人灌输给你的不理性的想法，或者你自己产生了那些对自己不利的不理性想法，如果你有了烦恼，你的那些烦恼也只是与当下有关。这也是理性情绪行为疗法最重要的论点之一：你当下觉得你必须、一定要做好某件事，其他人一定要对你友善、公平，你不喜欢的环境完全不应该存在。因此，不管过去发生了什么，你当下的不理性想法给你带来了烦恼。所以，你当下能够将这些想法转变为健康的期望。你是有选择的。做出这个选择吧！

基本信念四

"我情绪上的苦恼包括思想、感觉和行为，我能够观察它们并且做出改变。"

当然，并非百分之百地可以！你可以这样说服自己："我不需要可口的食物。即使食物难吃得不行了，我还是能够活下去。"但是可别这样告诉自己："一点儿不吃我也能活下去！"你可以让自己相信："我并非一定需要钱才能快乐。"但是也别这样相信："即使我现在无家可归、身无分文，我也照样快乐得很。"

然而，由于在很大程度上是因为你遭到别人的拒绝、因为你坚持那个人必须爱你，才造成了自己的烦恼；你也可以停止强求那个人爱你，从而不再让自己感到烦恼。肯定可以的，如果你是我所说的那种"一个善良、正常的神经质的人"。

所以，你能够改变，除非你固执地认为自己不能。你"情绪上的苦恼"通常包括一些强烈的感觉，例如恐慌和抑郁，但也包括一些想法和行为。当你感觉焦虑的时候，你通常会相信那些带来焦虑的想法（例如"我讲得不像我必须做到的那样好，这太糟糕了！"），然后你就会变得畏缩（例如避免在公众面前发表讲话）。当你有了自我贬低的想法（例如"我是一个彻头彻尾的白痴！"），你就会感觉很糟糕（例如抑郁）并且行为举止也萎靡不振（例如不愿意去上学）。当你身体不协调（例如不愿意参加体育运动的时候），你就会有不理性的想法（例如"我肯定总是赢不了，只会让别人看笑话"），然后就有了消极情绪（例如自我讨厌）。

因为你的烦恼包括想法、感觉和行为，这些都会变得越来越消极，你可以从三个方面解决这个问题：改变你的想法、情绪和行为。这就是为什么理性情绪行为疗法是多模式的，为什么它提供了多种不同的方式改变你的想法、感觉和行为。

这些方法是不是随时随地对所有的情绪问题都有效呢？当然不可能了！例如约翰、琼和吉姆都对于参加公司的派对很发怵，他们都是一想到要去，而自己社交能力太差就浑身不安，很怕被同事疏远。约翰对自己说，"如果我去了又没法跟别人好好交流，肯定很糟糕，但是也还好啦！"琼则因为想象自己在派对上表现得一团糟而非常焦虑，但很快她用了理性情绪想象这个方法让自己只是感觉遗憾和失望，而不是恐慌和抑郁。吉姆则没有改变自己慌张的想法或感觉，但还是强迫自己去了，尽管心里很别扭。他去了之后和十个不同的人交谈，直到自己感觉好了点。约翰、琼和吉姆使用了不同的方法，最后都去了派对而且还挺开心。琼一开始比谁都恐慌，由于她曾经接受过理性情绪行为疗法的几个疗程治疗，她使用了几种不同的思考、感觉和行为疗法，不仅克服了自己对于去派对的恐惧，还解决了其他几个情绪问题。忠告：告诉自己总有几个疗法是有用的。使用你的头脑、你的心、你的手和脚！

基本信念五

"减少我的烦恼需要持续不断的练习和努力。"

这也是理性情绪行为疗法的另一个重要观点：你肯定可以改变你大部分消极的想法、情绪和行为，但是需要不断地练习和努力。是的，练－习。是的，努－力。你也许会想，这道理也太明显了吧。但是真的吗？有些执着于精神分析疗法的治疗师或者新世纪身心灵疗愈大师可不这么认为。但是这些"神奇"的大师们忘了：第一，你（和其他人）生下来就很容易自寻烦恼。是的，这是与生俱来的。第二，你的父母和周遭的一切都会影响你，让你变得很容易就感到苦恼。第三，从孩提时期起你就不断重复，将自己那些自寻烦恼的习惯行为保留至今。第四，其他那些和你一样不理性的朋友、盲目的身心灵修行者，甚至是无知的治疗师，这些不明智地让你的消极想法不减反增的人，都对你造成了影响。所以，你需要辛苦地练习和努力就不奇怪了，然后你需要更多的练习和努力让自己生活得更健康。

所以，接受这个事实吧。天上不会掉馅饼。要自我改变（这是完全可能的），需要长期不懈的努力和练习。主要是记住理性情绪行为疗法的口号：努力！加油！

第5章

通向幸福之路

当你行为消极的时候（因为你是人不是神，所以你经常会这样），你能够发现，是自己的想法、感觉和行为给自己带来了不必要的烦恼。你也能够利用理性情绪行为疗法来减少自己的烦恼。如果你持续不断地努力获得理性的、有助于自我情绪改善的态度，你就能让自己不那么容易陷入烦恼之中。届时，你让自己感到极度焦虑、抑郁、愤怒、自我憎恨和自我怜悯的情形少之又少。当你又回到过去的习气中时，你知道该怎么做来减轻这些情绪，尤其是将自己那些必须达到的要求转变成健康的期望和希冀。你能够做到！

真好，是不是？如果你真的下决心要让自己不再经常陷入烦恼之中，能像少数人那样冷静面对挫折，几乎从不抱怨，那你可以按照我之前给出的原则，并且更进一步。如何更进一步？答案是：时时刻刻能实践几个关键理念，这几个理念能让你比大多数人过得更好，尤其是在这个生存并不容易的社会。

你真的能够做到么？是的，如果你真的下定决心要减少自己的烦恼。如果你有所谓的（当然有时候这个叫法不见得对）意志力。让我来告诉你什么是意志力，如何才能获得意志力。

意志力

意志和意志力这两个词也许很像，但其实它们并不一样。意志主要指的是选择或者决定。你选择去做（或者不去做）某事，你决定去做（或者不去做）某事。作为人类，你显然有几分自己的意志、选择或者决定。你决心，或者选择买还是不买一辆车。你也许没有买车的钱或者不会开车，但你仍然可以选择买车，并且决定挣到买车的钱或者去学开车。改变的意志仅仅指你决定去改变，然后（也许！）才为此努力。而意志力则更为复杂和不同。当你有意志力的时候，你有力量去做决定，然后朝着这个目标努力。这包含以下几个步骤。

- 第一，你决定去做某事，例如，减少自己的烦恼，并且让自己不再那么容易陷入烦恼："让自己不容易陷入烦恼是个很好的性格。我要尽自己最大的努力达到这个目标！"
- 第二，你下决心将自己的决定付诸实践，即做出执行这个决定需要付出的努力："不管要付出什么样的代价或者有多难，我都要让自己不再那么容易地陷入烦恼之中！我下定了决心，要不遗余力地完成！"
- 第三，你获取相关的知识，该做什么（以及不该做什么）来执行自己的决定："为了让自己不再陷入烦恼，我将改变我的想法、感觉和行为。尤其是，我将停止抱怨自己遇到的挫折，不再有任何不理性的、强制的要求和规定。"
- 第四，你真正下决心并且增加自己的知识："不能告诉自己，现在的困境绝不可以出现在我的生活里，相反要告诉自己，这些困境一定会存在，而且它们也确实存在，我完全能够应付，我可以努力改变这些困境，并且在我还无法改变它们的时候接纳它们，尽管我并不喜欢。我可以做到；我一定会做到；现在我也许还得强迫自己做到。每次遇到挫折让我感到恐惧的时候，我会检查自己的想法，看看我是不是还在坚持认为它们绝不能出现在我的生活里。我会努力接纳这些挫折，而不是一味抱怨。我会改变自己能够改变的一切，并且接纳自己无法改变的东西。我能很快做到这一点。现在就让我真正开始这样做吧。"

- 第五，接下来就开始持续不断地努力改变，决心改变，获得该如何改变现状的知识，并且利用这些知识将改变付诸实现。是的，开始着手做出改变："现在既然我正在努力放弃自己的那些不理性想法，并且将这些想法转变成愿望，现在既然我试着接受现状，我就不会再抱怨眼下无法改变的困境，我会一直这样努力下去，一点点进步，去找寻改变自己的更好的方法，不断改变，并且将自己试着改变的努力和行为一直坚持下去。"

- 第六，如果你又开始走回头路或者回到过去那种什么也不做的状态中，这种情况是很常见的，你要再一次下决心强迫自己走上另一条道路。你复习使自己改变的方法，下决心执行自己的决定，不断获取如何能够执行决定的知识，如何强迫自己按照自己的决定和决心去做，不管整个过程有多么艰难，不管你已经走了多远或者走了多少次回头路。

- 第七，当你走回头路的时候，毫无保留地接纳自己这种无能为力的状态，不要因此就下结论："我又这样了！要重新下决心有什么用？"你要做的只是再一次赋予自己力量，这样你走回头路的次数会越来越少，每次恢复得更快一点。你不一定非要生生地把自己拉回来。但是如果能的话当然也很好！

　　而意志力不仅仅是意志、选择和决策，有数百万人把它们错误地混为一谈。意志力包括做某事的决心，如何做某事的知识，让自己做某事的行为，即使你觉得很难做到，也要有坚持这种行为的恒心，并且能够在重蹈覆辙的时候一遍又一遍地重复整个过程。

　　了解了这一切之后，你能获得这种意志力吗？实际上，如果你能够有不断获得这种意志力的意志力，你能的！你可以不断推动自己，强迫自己，给自己寻找目标的动力，下定决心一定要做到，获得如何实现目标的知识，采取合适的行动来支撑你的决心和已经获取的知识，强迫自己坚持下去，不管整个过程多么艰难，当你又走回头路，"意志力薄弱"的时候能够从头再来。

　　通常来说，获得并且保持意志力需要想法、感觉和行为。你最好仔细思考一下获得意志力有哪些好处。你可以实事求是地告诉自己，要获得意志力很难。但是，尤其是从长远来看，如果不告诉自己这个事实，要获得意志力就更难了。你可以告诉自己，要获得意志力需要的不仅仅是愿望，还有支撑这个愿望的行动。你可以做一个成本－效益分析，让自己看到付出努力（例如持续不断地坚持）是物有所值的。退一步来说，你还可以告诉自己，没能获得意志力虽然会令你失望，但还没有到让你觉得糟透了的程度，你的失败绝不会让你显得能力低下或者一无是处。

　　从情感上来说，要获得意志力，你最好鼓励自己并且迫使自己一直专注在它的好处上；专注在意志力带给你的充满力量的感觉上，专注在源于意志力、让你的生活变得更好的能量上，专注在你从中获得的快乐上。

　　从行为上来说，你完全可以看到，意志力的力量就存在于你的工作中，存在于你为之付出的努力中，存在于你为获得意志力忍受的煎熬中，而不是仅仅存在于你的思想和感觉中。我要再一次说明，意志力意味着行动，你为自己的意志添加力量所付出的实质性的努力。也许有毫不费力就能获得意志力的方法，但我真的怀疑它的存在。生活中可没有什么捷径可寻！

如何运用意志力

现在让我们假设，你知道了什么是意志力，你也下决心要获得意志力，并且希望运用意志力让自己不再那么容易陷入痛苦和烦恼之中。接下来该做什么呢？

首先，我要介绍为了让自己不再容易感到痛苦和烦恼，你应该先持有的几个基本态度。其次，我要介绍获得这些基本态度所需的更多细节。

想想在你身上可能会发生的最糟糕的事情之一，例如失去所有你爱的人，因为患艾滋病而生命垂危，或者为身体上的残疾所困，哪儿也去不了。告诉自己，即使是在这样糟糕的处境中，你还是能够找到一些方法让自己过得开心。真正下决心让自己接纳，当然不用去喜欢这个糟糕的境况，将自己的注意力放在能够获得的快乐和满足感上，忘记自己的痛苦和局限。不要放弃。向自己保证，即使是在这样糟糕的情况下，当然这些情况也许永远不会发生，你还是能够不时地让自己快乐起来，尽管这种快乐的程度不能和境况好的时候你感到的快乐相提并论。

努力让自己相信（我指的是真正地说服自己），不管你和你的爱人发生了什么，没有任何遭遇，是的，没有任何遭遇是真正可怕或者恐怖的。在本书中我曾经提到过，很多发生了的事情是不好的、痛苦的、令人泄气的，违背了你和你所处的社会的意愿。但是没有哪件发生过的事情是百分之百糟糕的，因为它们还可能更糟糕。已经发生的坏事确实令人不高兴，但是任何你认为不好的事情将会也应该会，或者说不得不就只是这么糟糕，仅此而已，不要把它想象得更糟糕。

玛丽莲是一位历史学教授，她认为自己是一个现实主义者和实用主义者。她在 37 岁的时候离婚了，过去曾经两次流产。现在也没有找到一个合适的人选，让她愿意跟这个人结婚并且生孩子，尽管她真的很想要自己的孩子。她因为自己的问题过来找我接受治疗，她知道自己不一定非得当母亲，但是如果不生一个孩子，她还是会觉得被剥夺了一个重要的权利，这种损失真的很可怕，所以她患上了严重的抑郁症。对于理性情绪行为疗法，她接受得很快。

玛丽莲承认，没有孩子并非百分之百糟糕，因为她知道，还有一些痛苦，例如被折磨致死，要比没有孩子糟糕得多。她也同意糟糕这个词意味着比不好更严重，而没有孩子并不能被归入那一类。但她还是坚持，在她这个案例中，当她真的很想生一个孩子时，不能达成这个目标真的太痛苦了。

刚开始的时候，我没法让玛丽莲改变想法。随着时间的推移，她要找到一个合适的伴侣变得越来越不可能，她更加抑郁了。连我自己都快跟着她一起抑郁了！

我仍然坚持使用理性情绪行为疗法，并且逐渐让玛丽莲认识到把这种损失定性为不好的事情，只会让她感到伤心和遗憾。而如果认为不能生一个自己的孩子是非常糟糕的事，她就会感到比伤心还难受，也就是严重抑郁。我指出了两者之间的差异，"糟糕"这个词意味着因为她觉得自己非常非常伤心，而这种伤心不应该存在。但是，这种伤心就是存在！

玛丽莲自己得出了一个理性的结论："你是对的。所有不同程度的损失和伤心都应该存在。只要我还没有生孩子，我就得继续痛苦下去。这当然太不幸了！而一旦我将自己的不幸定义为糟糕，我就会让自己陷入抑郁。这对于我生一个自己的孩子或者得到其他东西都毫无帮助。现在我真的明白了，我对自己说，'没有什么是糟糕的，除非我把它定义为糟糕的事'。我已经感觉好多了。就是那个定义把我害惨了！如果我不停地告诉自己，'这件事情确实不好，但也仅是不好而已，还没有达到糟糕的程度！'此时我会觉得尽管伤心还在，但自己的抑郁不见了，而且即使再大的伤心也不是糟糕的！"得出了这个理性的结论后，玛丽莲不再感到抑郁，并且坚持要找到自己理想的伴侣。

变得理性

不要让自己陷入各种会转移你注意力的活动中，不论是认知上的，情绪上的，以及 / 或者身体上的。这些活动会暂时让你感觉好一点。但是我没听说过它们有什么会让你真正好转。没有，不论是打坐、瑜伽、自我催眠术、生物反馈训练、艺术、音乐、科学、娱乐，还是其他活动。它们都能够转移你的注意力，让你暂时抛开自己的烦恼、痛苦、抑郁、恐慌和恐惧。但是它们只是让你暂时忘记，而不是直面并且消除自己生出的"恐惧"和"烦恼"。

要认识到，你的问题总有其他解决办法，如果平时你爱做的事情现在不灵了，你总能找到其他令你开心的事情。一般来说，即使生活困窘无比，你还是能找到自己满意的地方；如果你的麻烦多得不得了，你还是能够解决其中一些。所以当你遇到麻烦的时候，要不停地寻找不同的解决办法，想办法获得能够获得的最大快乐。不要轻易下结论说这些都不存在。这才是最不可能的！

认真看待生活中的许多事情，例如工作和感情，但是不要看得过于认真。不要固执地认为你的生活中一定要发生好事，而坏事就不可以出现。尽自己最大的能力减少自己的烦恼，找到越来越多的快乐。但是记住，你没法力挽狂澜，或者让奇迹发生。如果你失去了什么或者没有得到自己想要的东西，确实很令人沮丧。生活就是这样艰难！但这永远不是世界末日，尽管你也许会夸张地认为这就是末日。即使是到了世界末日，这个世界还是会苟延残喘地存在下去！

小心自己那些不理性的、教条式的、得不到就不会善罢甘休的想法。
实际上，你所有的愿望、期待、目标和价值观都是健康的，只要你没有
把它们绝对化。尽管生活中总有你不喜欢的、讨厌的、希望避开的东西，
只要没有把它们夸张化，你还是能够过得不错的。制定重要的目标并且
努力实现这些目标会增加你的存在感。但是把这些目标变成不可或缺的、
神圣的、没有就活不下去的不理性要求，只会增加你的焦虑、抑郁、愤
怒和自我憎恨。可以的话，为自己的目标奉献一切，但是不要过于偏执。

不要对他人抱有过高的期望，因为他们自己的问题也不容易解决，
需要付出大量精力。即使他们说他们很重视你，也不要太相信这句话。
爱他们，帮助他们，和他们交朋友，努力赢得他们的认可，但不要把他
们看得太重要。如果你能够接纳这一点，就能够很好地跟他们，或者是
其中一些人相处。如果把他们看成不是天使就是魔鬼，你会有麻烦的！

无条件地、完全接纳自我和其他人。但不是你和他们所做的事。你
会时不时地干些傻事、蠢事、坏事和不道德的事；他们也会。但是不要
把你或者他们分成若干等级。不要衡量你或者他们的核心价值。接纳罪
人，而不是他所犯的罪。讨厌你自己或者他人的"坏"思想、行为和感
觉，但不是这个人，这个做出这些"坏"行为的人。下一章我将详述什
么是无条件自我接纳（unconditional self-acceptance，USA）。

**承认你的生理条件和接受的教育都让你有很强的实现自我价值的倾
向和对自己不利的倾向。**你能够有条理地、实事求是以及有逻辑地思考，
能够为自己和他人找到更好的解决办法。但是你也会趋向于短期而非长
期的利益，埋怨自己或者他人，坚持认为每个人都应该待你既公平又周
到，而这也经常会给自己或者他人带来麻烦。

一旦习惯了这些对自己不利的行为，你就很难改变了。一旦有了或
者接受了这些有害的思想，你可能会坚持这些观点，不愿意放弃。所以

不做傻事不容易，不停做傻事很容易！然而，就像上面提到过的，你能够改变自己，通过艰苦的努力和练习。所以，你一定要努力、坚持不懈、痛下决心地让自己的积极行为取代消极行为；然后努力、坚持不懈、积极地让自己的想法更加健康、更有建设性。现在就开始，不要等待；这一辈子都要这样做，你的人生必将辉煌！

接受现实

在为了自己和他人的健康以及快乐持续努力的时候，放弃治愈这个概念。你永远不可能被治愈，也不可能治愈别人，只要你们都还是人。你会一直犯各种错误，也会有各种对自己不利的想法和行为。你永远不可能摆脱人的天性。但是如果按照本书中教导的各种理论，你能够让自己不那么烦恼，实现更多的自我价值。你会渐渐地不再因为任何事情而感到痛苦，但是，并不是百分之百的，也不是非此即彼的。如果你相信能够完全被治愈，在某一点的时候你就会停止努力，甚至会走回头路。所以忘记乌托邦的存在吧。忘记完美主义。尽你自己最大的努力，但是不要追求极致。你不可能完全理性或者理智。我本人也是这样吗？一句话，当然了！

有时候可以先尝试一些自助治疗的方法和精神分析疗法。如果需要服药，不要拒绝。做做试验。看看哪种方法对你有效。但要小心那些所谓的心灵导师和其他花言巧语宣称有最神秘的疗法和奇迹疗法的人。找接受过训练的专业人士咨询，而不是求助于使用所谓新世纪灵性疗法的怪人们。只要有人向你推销一种快速、简单、能产生奇迹的疗法，又没有科学数据进行佐证，赶紧跑，跑到你能找到的离你最近、最好的专业人士那里去。一定要小心！

第6章

接纳自己和他人

现在到了本书最核心的部分了。如果你已经仔细阅读过本书，就应该知道，你的生理结构和后天的成长环境都决定了你很容易自寻烦恼。也就是说，你的想法、感觉和行为总是带有不利于自己的倾向，而且你经常会陷入这样的模式之中，简直轻而易举！

当然，你的生理结构和后天的成长环境也决定了你有积极的、自我修复的能力。太好了，是不是？就像我之前曾经提到过的，你可以利用这种能力来观察你做了什么给自己带来了烦恼，找到自己有哪些对自己不利的行为，并且想出有效的方法来改变自己。你可以通过自己的想法、感觉和行为来让自己振作起来。只要你下决心，只要你付出努力。

所以，利用我之前所介绍的一些方法。或者尝试一些别的技巧。理性情绪行为疗法虽然全面，但也非包罗万象。你可以通过自己的体验和学习找到本书所没有涉及的一些有效的方法。积极寻找，大胆尝试，找到真正对你起作用的。

我稍后会更具体地介绍，大部分疗法都有用，但也有一定的局限性。它们在一段时间内有一定效果。它们能减轻你的不安，却治标不治本。

它们能让你感觉好点，而不是真正好起来。

现在，让我们进入更深入的治疗方法。如何才能显著地减少自己的烦恼呢？如何能够减少自己的焦虑、抑郁和愤怒？如果现在主要是你的工作或者经济状况让你忧心忡忡，你如何才能减少自己其他的烦恼，如关于感情、毒品或者药物、酒精成瘾等？如何才能让自己不因为生活中可能会发生的任何不幸而苦恼？你到底该怎么做？

我希望前一章让你对于如何减少自己的烦恼有了一些思考，本章将激励你走得更远，我将提供更多的细节，这些细节上一章只是仓促提到，并不深入。

我将介绍几个获得精神健康最有效的方法，这些方法有的是我在自己的生活中感悟所得，有的则是与数以万计接受我治疗的客户和工作伙伴在超过半个世纪的合作中发现的。以下将要介绍的每个技巧都在极大的程度上帮助了很多人，让他们的生活获得了显著的改变。然而，这并不代表每个技巧对每个人都一样有效。哪些对你有效呢？你不妨尝试一下来找找看！

改变自己

诚如杰罗姆·弗兰克（Jerome Frank）、西蒙·布德曼（Simon Budman）、罗素·格里格尔（Russell Grieger）、奥托·兰克（Otto Rank）、保罗·伍兹和其他著名治疗专家所指出的那样，当客户确实认为自己能够改变并且愿意改变的时候，治疗才会起作用。是的。但是你的期望最好不要太不切实际和盲目乐观。如果你对于任何疗法和你的"伟大"的治疗师都抱持一种过于乐观、等待奇迹发生的态度，你肯定会大失所望、幻想破灭，有可能就放弃治疗了。

对于自助治疗的方法也是一样，乐观一点，但是不要不切实际。它们不会让奇迹发生，也不会轻轻松松就帮助你走出困境。但是一定要相信它们也许能起作用。

这种态度同样适用于理性情绪行为疗法和认知行为疗法。对它们保持一定的怀疑。对以往的案例做一些调查。不要仅仅相信一些趣事逸闻式的案例，它们在很大程度上等同于虚构小说。例如弗洛伊德早期的一些案例，它们读起来都文笔动人，听起来也好像很有说服力的。但是后来的一些调查发现，他的一些有名的病人（例如安娜·O）就受到了错误的诊断，他们没有什么改善，病情甚至出现了恶化。

在理性情绪行为疗法和认知行为疗法中，目前的记录超乎寻常的良好。如果我们忽略这些疗法如何"成功"的轶事（例如那些精神分析专家们最常提到的故事），如果我们只关注这几百个研究案例，这些案例中的对照组没有使用任何疗法或者使用了其他形式的疗法，我们就会发现它们是有史以来最可靠的疗法之一。行为疗法本身就有着良好的记录，却只在有限的范围内被使用过。理性情绪行为疗法和认知行为疗法在有过最严重的焦虑、抑郁和愤怒症状的病人身上使用过，也非常有效。当然，不可能有完美的结果存在，也不要指望会出现奇迹。但是这些疗法的测试结果异常的良好，而且还达到了数百例。如果你想要了解理性情绪行为疗法的有效性研究结果，请参看书后所附参考书目中 H. Barlow、A. T. Beck、D. Hajzler 和 M. Bernad；L. Lyons 和 P. Woods；T. E. McGovern 和 M. S. Silverman；M. S. Silverman、M. McCathy 和 T. E. McGovern 等人的著作。

现在你对于理性情绪行为疗法应该有一定的信心了，因为它一般都比较有效，对于你也一样能够有用。告诉自己你能够理解它，使用它，并且能够看到自己的真正好转。为什么会这样呢？主要有三大原因：

- 根据理性情绪行为疗法，你无法控制发生在自己身上的不幸，但是你能够控制自己对于这些不幸的想法。万幸的是，在很大程度上你的烦恼源于你的那些不理性的要求而非自己对成功和他人认可的渴望。

你可以控制和改变那些导致自己烦恼产生的要求！即使多年来你强烈地相信这些要求，并且按照这些要求行事，理性情绪行为疗法告诉你，你今天感到很烦恼主要是因为你仍然（有意识和无意识地）固执地坚持这些要求，所以你肯定有能力和力量来改变它们，有时候甚至是完全放弃这些要求。

- 理性情绪行为疗法提供给你一些基于思想、情绪和行为的方法来理解和改变你那些不合理的要求，以及伴随着这些要求的有害行为。你可以以一种实事求是、符合逻辑和实际的方式积极有力地对这些要求进行反驳，并且显著地减少这些要求。

- 如果你不断放弃那些对自己、对他人、对这个世界的不合理要求，你就会将自己产生这些感觉和想法的倾向减少到最小的程度。你会改变那些觉得自己毫无价值，那些待你不公平的人就应该去死，整个世界烂透了的让你痛苦的想法。一旦你发现自己的要求是有害的，发现能够改变它们，并且确实改变了它们，你就会自动保留那些新的人生态度。

如果你对于自己在理性情绪行为疗法的帮助下能做些合理的期望，就会产生下面这些态度。

"我从本质上来说就是一个会自寻烦恼的人，有时候会产生一些不必要的烦恼。之所以会这样，主要是因为我将自己的目标和渴望放大成了不合理的要求。当我这样做的时候，是愚蠢的，只会伤害自己。但我能够无条件地接纳这样的自己，不会因为沉迷于这样的想法而把自己当作一个笨蛋。因为在很大程度上是我给自己带来了这样的烦恼，我能够清楚地了解这一点，并且因此而消除自己的烦恼。我能够积极地与自己那些不合理的要求进行辩论，并且有力地根除这些想法。现在我清楚地知道，对于自己的神经质有哪些解决办法。因此我可以恳切地、自信地期待在以后的生活中使用理性情绪行为疗法。如果能一直这样做，我将大大地减少自己的烦恼，不会让自己陷入不必要的痛苦之中。如果重蹈覆辙，我能够挖掘内心那些不切实际的要求，将它们重新变成合理的期望。我可以！"

如果你获得了这种自助治疗的方法，如果你对于阻止自己产生烦恼有合理的期望，如果你下决心使用一系列理性情绪行为疗法，虽然不能保证自己绝不会再有烦恼，但是你将有一个非常好的开始！

无条件自我接纳

对于接纳自我，你只有两个选择：有条件的还是无条件的。第一个选择基本上没什么用。

有条件自我接纳是男人和女人已知的最大的毛病之一。更别提孩子和青少年了！它意味着你只在某些特定的情况下才会接纳自我，例如你的某个重要项目成功了，你获得了某个大人物的认可，或者对社会做出了贡献。听起来不错，是不是？但这种有条件自我接纳是极其有害的。原因如下所述。

你为自己的"自我价值"设定了必须满足的条件，没有满足这些条件的时候，你显然就是毫无价值、一无是处、笨蛋、废物。然而！作为一个总是会犯错的人类，你在重要的事情上往往无法取得成功。你无法得到大人物的认可。你无法对社会做出贡献。相信我，这是实话，除非你是那种真正完美又幸运的人，可惜你不是，远远不是。当你失败了，当你无法满足你为"自我价值"设定的那些条件时，你就会"合乎逻辑地"下结论说你是个没用的人，然后总是感觉焦虑和抑郁。为什么？因为你以这些"条件"来衡量自己的"价值"。当你做某一件事情仅仅是因为你真的很享受这个过程的时候，你就根本不会感到焦虑，反而会做得更好！

当你为了证明自己的价值而满足上述条件的时候，例如"当我成功了的时候，当我获得了认可的时候，当我帮助别人的时候，我才觉得不错"。你会忍不住担心无法满足这些"必要"的条件："如果我在这个重要项目搞砸了怎么办？""如果我没法让约翰（或者琼）爱上我怎么办？""如果我很想帮助别人，却没有这个能力或者甚至害了他们怎么办！"伴随着这些几乎是不可避免的想法，你会不停地担心、担心、担心，结果反而让自己没法达成那些目标，那些你认为必须达成才会体现你的"价值"的目标。而因为你没能达成"必须"达成的目标，你又总是认为自己是个毫无价值的人。真是进退两难！

即使你某一次成功地达到了你为自己成为一个"好"人而设定的条件，你怎么能够保证自己会一直成功下去？你不能。显然，你之后很可能会失败。"这次这个重要项目成功了，我下次还能这么成功吗？""是的，现在约翰（琼）爱着我，明年这个时候他（她）还会爱我吗？"所以，再一次，你又开始担心、担心、担心！

因为自己做了"好的"事情而将自己定性为一个"好的"人，这纯粹是在定义上做文章。任何人都可以很轻易地驳倒你，例如，他们可以说你还是一个"坏"人，因为：①你不完美；②你做得不够好；③作为一个人类，你离好还远着呢；或者④你的所谓"好的"做法其实是"坏的"。那你怎么办？肯定会充满了怀疑。因为到底谁才是真的对，你还是另一个试图定性你的好坏的人？谁说得清楚？没有人！

那么我们的自信，或者任何对自己、自己的存在、自己的核心价值或者自己的人格的有条件的评价都是没有用的。正如阿尔弗雷德·柯日布斯基（Alfred Korzybski）1933 年在《科学和健全精神》（*Science and Sanity*）一书中指出的那样，自我评价也不可能是准确的。他认为，没有所谓的自我认知："自我认知总是与事实不符。"因为，如果你确实是一个"好"人，你就应该在任何时候、任何情况下都是一个全然的、不折不扣的"好"人。那谁才是那样的百分之百的好人，或者坏人呢？没有一个人！即使一个"好的行为"，例如帮助处在痛苦中的人，也不可能只是好的，或者在所有情况下都是好的。有时候这个行为可能会导致不好的结果。例如，你可能帮助了一个杀人凶手，结果他后来杀了好多人！你也许会以错误的方式帮助了某个事故中的受害者，结果反而导致了这个人受伤。

如果你想要成为一个明智的人，或者更准确地说，一个在大多数时候能够明智行事的人，就完全不要评价自己、自己的存在、自己的人格。是的，完全不要！你只要为自己设定重要的目标，例如继续活着，一个人的时候、和别人在一起的时候、在工作中、在玩乐的时候都要快乐。当你没能达到这些目标，例如失恋了的时候，你可以说，"这不太好"。当你成功的时候，你可以说，"这挺好的"。但是你可以、并且最好不要错误地或者稀里糊涂地说，"我是好人"或者"我是坏人"。犯错并不代表你自己就是个错误！

这是理性情绪行为疗法能教给你的最重要的一课。你，你的人格是永远无法衡量或者被评判的。一旦你设定了生活的目的或者目标（你最好就设定为好好活着，快乐地活着！），你能够合理地相信当你的想法、感觉或者行为在帮助你实现自己选择的目标时就是好的。你也能合理地相信当你的行为阻止或者破坏你的目标时就是坏的。但是你永远不需要愚蠢地相信，"我是好人"或者"我是坏人"。

相反，你可以勇敢地宣称，"我是一个人，一个独特的个体，一个活着且能够感受快乐的人。现在我如何才能找到自己的快乐，这些快乐又不会伤害我自己和其他人呢？我如何才能避免痛苦并且继续过快乐的生活，而不用评价自我或者我的人格呢？"

很好！但是我要警告你：当你有了"自我"或者"自我认知"，你会评价自己为了实现这些目标所做的一切，此时要不评价这个"自我"是很难的。作为人类，你的生理结构和成长环境都促使你去评价自己的努力和所作所为，这样做首先是为了帮你生存下来，其次是为了你能与其他社会成员友好相处。所以，这没什么。

但是，你也被教会了，并且有这样的倾向去评价你的自我、你的存在。所以，一定要试着避免这种倾向！你能够做到这一点，但是只能通过不断的努力和练习。你天生就是一个自我评判者。即使有一段时间只表扬自己的行为，你也会很快故技重施开始危险的自我评判。

所以，理性情绪行为疗法为你提供了一套简单的解决办法。怎么做呢？那就是：只因为自己活着并且是一个人，就将自己定义为一个"好人"。是的，不是因为其他原因。你要告诉自己，并且是以非常肯定的方式告诉自己："我是一个好人。我是有价值的。仅仅因为我活着，仅仅因为我是人，仅仅因为我选择将自己看作好人，那么我就是好人。"仅此而已。

用强烈的语气带着感情说服自己。如果你完全相信这一点，你就获得了无条件自我接纳。因为你的条件总是得到了满足。显然，你活着。显然，你是人。显然，你可以选择将自己看作好人仅仅因为你活着，你是人。如果是这样，你就能够时时刻刻满足给自己定下的成为"好人"的条件了。聪明！这样到死都没有人能够阻止你将自己定义为"好人"了，真是稳赚不赔。

所以这种实际或者实用的、让自己觉得活得有价值的解决办法是好的。如果你使用了这种办法，它会起作用。你以后不会再认为自己是一个坏人，一个一无是处的人，除非你"决定"在自己死了以后把自己定义成坏人！

但是，这个"因为我活着，因为我是人，所以我很好"的解决办法也有个真正的缺点，因为它不是事实，而是一种定义。你可以很容易地说你一直是"好人"，从来不是"坏人"，但是别人跟你的说法可能就不一样了。你，或者反对你的说法的人都无法找出科学的证据来证明你是对的。你们也无法证明你是错的。那你到底是好人还是坏人？从哲学的角度来看，你的观点好像站不住脚。

所以，理性情绪行为疗法为你提供了另外一个选择。你能够设定自己的目标（例如活着并且享受生活），然后只是在你的思想、感觉和行为帮助你实现了这些目标的时候评判它们是"好的"，在它们阻止你实现自己的目标时评判它们是"坏的"。你可以完全拒绝形而上地评判自己、自己的存在或者自己的价值。是的，完全拒绝！只是专注地享受自己的生活，不要去证明你到底是好人还是坏人。

为什么给予自己无条件自我接纳如此重要？因为，如果缺乏无条件自我接纳，你就会沉溺于不断地贬低自己。你会为自己所犯的错误、遭遇的失败、干过的蠢事和大大小小的缺点而责备你自己。但这些对一个平凡的人类来说再普遍不过了。

更糟糕的是，你在责备自己后会产生焦虑、抑郁的负面情绪，而你会因为这些负面情绪的产生而再次责备自己。

同时，你也经常会为自己的错误辩护。例如，你会因为失恋或者工作不顺而责备自己，结果你因为忍受不了自己的这种自我憎恨而感到痛苦。因此你会否认事实，告诉自己说你并没有失败，拒绝从失败中吸取教训，结果你让自己变得更加失败。

或者你会埋怨自己的同事或者老板或者爱人，觉得是他们让你一败涂地。然后你会对他们的邪恶生出一种愤怒（迁怒于他人）。现在你变得异常愤怒，防卫心理极强，但在内心里还是会责怪自己。于是，当你看到你的愤怒是多么的危险，你也许会斥责自己不该那么愤怒。

如果你努力做到无条件自我接纳，并且慢慢不再因为自己做过的任何事而谴责自己，但同时还是勇于承认自己干了蠢事，你就会有一个非常健康的自我认知，"我是一个独特的个体，我活着，我会努力做得更好，建立良好的两性关系，帮助别人，感到快乐"。但是你将减少对自己有害的自我评判，并且不断减少因自我评判带来的烦恼。

无条件接纳他人

你是一个经常会犯错、把生活弄得一团糟的人。其他人也跟你一样！其他人经常会瞧不起你，对你不公平、不公正。为什么？因为他们就是这样！世界就是这样，人类的历史自始至终就是这样告诉我们的。

人们一般不会认为自己的行为是"坏的"。或者他们会认为你就活该被他们那么对待。或者他们会承认自己做错了但是却恶习难改。总之有很多原因！

所以，回忆一下你最常有的一个不理性的想法："因为我希望别人不应该那样坏，所以他们就不应该那样！"那现在，实事求是地说，当人们显然就是很坏的时候，他们怎么能变得不坏呢？当他们在你看来毫无疑问就是不好的时候，有哪条法律规定他们一定得要很好？

简直是没一点道理！每当你对别人的行为不满时，都是你的固执思想在作祟。但是当你要求别人不能做你不喜欢的事情，如果他们做了你就不能忍受的时候，你真的是太蛮不讲理了。人们当然能够想做什么就做什么。如果你真的忍受不了，他们的所作所为就会让你活不下去。那么，你死了几次了？

所以小心点！如果你愿意，只是去讨厌别人做的事，或者别人没能做到的事情。但是不要要求他们必须得很好。不要因为他们"讨厌"的行为而埋怨他们或他们的性格。试着不带任何愤怒地去帮助他们改变。但是当他们不愿意（或者有时候没法）改变的时候，接纳他们，因为他们只是会犯错的人类。接纳犯罪的人，即使在他们继续"犯罪"的时候。不要忘记他们的罪，但要宽恕。

生气、愤怒和狂怒这几种情绪都很难平息，因为它们经常会让你的自我感觉良好。好像你把别人踩在了脚下，你在情绪上占了上风。当你大发雷霆的时候，你会感觉自己很强大、很有权威，即使你是在掩饰自己的脆弱或者被自己的幼稚和任性冲昏了头脑，你还是会感觉自己好像比对方更像一个好人。因为，你肯定是完全正确的，而对方是错的、糟糕的、不好的。你掌控了你的敌人，而且可想而知，其他人也都知道了你是一个多么强大的主宰者。你通过展示自己是多么毫无疑问的正确而弥补了你之前犯下的错误和以前的弱点，现在你是正义的。

实际上，生气和愤怒只是让你的弱点暴露无遗。它们让你变得自以为是、失控和凭冲动行事。它们让你变得武断，做愚蠢的决定，浪费你的时间和精力，只看到你讨厌的人，失去朋友，让你爱的人痛苦，它们引诱你做出疯狂的、具有毁灭性的举动，甚至有时候会犯罪。它们给你的肉体带来痛苦，多半是超乎寻常的压力、高血压、肠道疾病、心脏病，以及让其他疾病更加恶化。生气和愤怒也会影响你解决问题的效率、短期和长期规划、事业成功、体育运动和其他健康的爱好。

抛弃你的愤怒，无条件接纳他人意味着深刻的人生哲学上的变化，会让你的生活质量得到极大的提高。你会发现你能够控制自己某些最强大、根深蒂固和消极的感觉。在你的内心以及与他人的关系上，你都将获得真正的平静。它将为你带来更深厚的友谊、爱、协作、合作和创造力。它将带来更好的工作，更愉快、更有趣、更有价值的项目。它将向你亲密的人、你的同事和同龄人展现一个更平和的你。它将在地球上激发并且缔造和平、人与人之间的友爱。当然还有更长的寿命！

正如我之前所说的，当你让自己感到失望的时候，你会感觉特别糟糕，以至于有意或者无意地通过归咎于别人来逃避这种糟糕的感觉。这可不好！当你因为别人的错误而责备他们的时候，你会强化自己这种埋怨别人的倾向，而且会反弹到自己身上："他们犯错了，我觉得他们一无是处，但如果我犯错了，是不是就代表我也是个烂人呢？"根据自我批判的"逻辑"，答案就是：是的。

再说一次：当你斥责别人的时候，你也许注意到了他们受伤的表情，他们对你的愤怒，他们缺乏爱和合作精神，他们针对你的行为。你也会注意到自己的反应过度和失控，并因此对自己感到失望。

无条件接纳他人有着深层次的含义，是一种积极的自我控制，有着深远的影响。特别是有些人确实极其恶劣的时候。通过学会无条件接纳他人，你完全承认你创造和控制了（或者有时候是无法控制）自己的感觉。无条件接纳他人是诚实的、实事求是的和实用的。它让你能够掌控自己，也能掌控与其他人的关系。如果你发现了这一点，努力去无条件接纳他人，并且确实尝试过几次之后，它就会变成一种自然而然的行为。你就会轻松地思考、感觉和理智行事。你将清楚地掌控自己的行为，尽管不是自始至终，但几乎可以说是在很大程度上将一直这样。你将获得内心的平静，并且与这个世界和谐共处。

让自己意识到这一点。做出无条件接纳他人这个决定。下决心为此而努力。不断地尝试，尝试，再尝试。将你的意志变成意志力，增加自己无条件接纳他人的能力。为了你自己，也为了这个社会。

格雷戈是一个 27 岁的推销员，他曾经因为总是指责别人而获得了极大的乐趣，并因此对自己感觉特别良好。不幸的是，他对别人的愤怒让他的血压升高，并由于紧张而开始出现背痛的症状。一开始，他拒绝接受理性情绪行为疗法的观点。因为根据理性行为疗法，当别人对待他不公平的时候，是他自己不理性的要求（即要求别人不准那样）而非不公平这件事本身让他感到愤怒。当我试着让他接受这个观点，他吃惊地发现自己的愤怒飞快地、并且在很大程度上消失了。不仅他的背痛消失了，还有一种平和的感觉将他包围，他简直无法相信自己竟然还能有这种感觉。生平第一次他是因为真正地感觉良好而对自己感觉良好，而不是因为他把别人踩在了脚下。

第7章

正确看待不幸

生活对于每个人来说都不是一帆风顺的。我们从摇篮到坟墓之间会遇到什么？不计其数的痛苦、疾病、折磨、疼痛、烦恼、限制、失望、麻烦、障碍、不公平、争吵、贫困、拒绝、批评、欺负、阻碍、偏见，等等。

为什么我们最热切的期望总是无法实现，而最糟糕的噩梦却总是挥之不去呢？因为这就是生活。一定非得是这样吗？是的，的确是。没有人（即使当我们还是小孩的时候）能逃脱这些考验和磨难。那青少年和成年人呢？更是如此了！

对于这些生活中遇到的"磨难"，你能做些什么来阻止自己感到愤怒和抑郁呢？显然，你只能不把它当作一种磨难。雷茵霍尔德·尼布尔（Reinhold Niebuhr）早在20世纪初就曾经充满睿智地说过，给你自己勇气去改变你能改变的不幸，给你自己平静去接受（但不是喜欢）你不能改变的，给你自己智慧去了解两者之间的区别。这样你就不会为生活中遇到的磨难而惶恐不安了。

但是，真正的困难、大麻烦通常还是会存在。你和你的亲人可能正在遭受疾病、伤痛、虐待、暴力、罪恶和其他问题的折磨；如果你每天看电视和报纸，你会发现关于洪水、饥荒、恐怖主义、种族屠杀和其他暴行的令人毛骨悚然的细节。然而，显然不是每个身受折磨的人都为自己所受的折磨感到难过。不是每个人都将可怕的事情定义为可怕的、痛苦的和恐怖的，而且让它变得更加恐怖。但很多人这样，大部分人常常如此。但不是每个人都这样，没有人会一直这样。

为什么你会把生活中遇到的麻烦往坏处想，从而增加自己的痛苦呢？也许这是一种遗传自我们祖先的本能，因为他们不能生活得太过安逸和懒散，否则面临的就是死亡。为了生存，他们可能进化出这种对危险的夸张的"恐惧感"，从而迫使他们采取预防行为。

也许伴随着这种应激反应，早期的人类发现用语言将这些麻烦夸大，例如嘟哝或者抱怨事情有多么糟糕能够帮助他们获得别人的支持，这样就使那些最自怜的人存活了下来。

不管这种行为出于什么样的原因，将自己遇到的麻烦夸张化是普遍现象，这可能是人类对于极其糟糕、可能会致命的危险的一种生理反应。有谁不是经常这样呢？很少！

将自己遇到的麻烦夸张化也有几分益处。当你将生活中的不幸看作可怕和恐怖的，你会仔细地观察它，思考着如何改变或者逃避它，通常也会采取一些预防措施。有时候它还可能促使你拯救自己和自己所爱的人的生命，从而可能，注意我是说可能，有助于人类的生存。

但是这种生存可不怎么愉快！我们的天性可不管我们是怎么生存的，只要活着就行了。因此我们这些皮肤细薄、脆弱的动物面对危险的时候就变得高度小心、警觉和焦虑，只要觉得遇到了危险就拼命地跑开。实际上，这种天性使得我们经常将危险看得比实际的程度更严重。这样我们才能生存下来，但却是痛苦的，充满了恐慌和逃跑。但是我们确实活下来了。

　　将麻烦夸大化通常是有用的，但是正确看待麻烦通常会有更好的效果。理性情绪行为疗法就认为，你可以选择在面对危险的时候是否产生负面情绪。你首先是让自己有正面的担心和警觉反应；或者让自己有负面的恐慌和害怕。第一个选择一般会比第二个选择更能够帮到你。原因有以下几个。

　　在将麻烦夸大的同时你感觉到的恐慌和害怕是消极的，会导致你遇到严重问题时无法找到好的解决办法。它们有时候会让你处于惊慌状态，不能正确地思考。它们确实可能会帮助你更快地逃离"恐惧"，但没准是去了错误的方向。它们迫使你快速做出决策，但这个决策可能是错的。它们让你无法想到更好的替代办法。它们有时候让你无法在身体上做出正确反应，将你的能量全部抽离。它们让你感觉虚弱，无法掌控一切，并且促使你因为自身的弱点而自我贬低。

　　如果你遇到的事情非常糟糕，而且几乎其他所有人也和你有同样的看法，怎么才能不把它们看得那么糟糕呢？确实不容易！生活中遇到的不幸确实会让你和你爱的人非常痛苦。例如，失明、身体上的残缺、失聪或者因为手术切除了某个器官。儿童时期遭遇虐待、乱伦、强奸、施暴、严重的迫害；贫困、犯罪、歧视、性或者其他形式的骚扰；严重的精神和情绪问题，等等！

　　然而，这些极端的不幸是不是糟糕的、可怕的或者恐怖的，主要还是取决于你对它们的定义。不好的事情永远不会是糟糕的，但是你可能会认为它是，而且你永远不需要以那种负面的方式来看待它。事实上，如果你清醒地思考，你会发现没有什么，是的，没有什么是糟糕的。因为糟糕的一般有几层含义，它们绝大部分不正确。有两种情况用"糟糕的"来形容是准确的：

　　（1）"糟糕的"意味着很坏，或者极端的坏。用你自己的标准和目标来衡量，好像几乎是准确的。如果你强烈地想在性关系、感情或者体育运动上获得成功，当你实际上却失败了、被拒绝了，你的失败就违背了你的利益，所以就是令人讨厌的或者坏的。当然，对别人不见得是，但对你肯定是不好的。因此，将自己的失败或者被拒绝评价为不好的，似乎足够准确。

（2）你可以把某件与你的目标或者利益相悖的事情看作是很糟糕的。所以，如果你的一个项目遭遇了严重失败，看起来已经没有成功的可能了，你可以把这个失败叫作很糟糕的或者极度令人沮丧的。例如，你没能获得一个你真的很喜欢的人对你的爱，看起来似乎你再也找不到跟她一样好的人，你可以说这是一个非常糟糕的损失。

所以，如果你把这两个挫折定义为糟糕的，好像确实是如此。然而，当你把其他一些类型的挫折也看成糟糕的或者可怕的时候，你通常指的是其他一些你实际上无法证明的事情。例如，以下几个被定义为糟糕的例子，这种定义既不准确又负面。

（1）把一件坏事定义为"糟糕的"，你的言下之意是它根本不应该发生，不允许它的存在。但是这很荒谬，因为不管这件事有多么糟糕，它却是存在的，当它存在的时候，它就一定存在。所以你在不合理地要求只有不那么糟糕的事情可以发生，而非常糟糕的事情不可以发生。事实上，当你把它们定义为糟糕的时候，你在自相矛盾地强调，它们存在，但它们却绝不应该存在。这太矛盾了！

（2）当你坚持一件你不喜欢的事情是糟糕的或者可怕的时候，你的言下之意是（如果你对自己是诚实的）它糟糕得不能再糟糕了：完全的、百分之百的糟糕。但是实际上没有什么事情是百分之百糟糕的，因为它总是还可以再糟糕一点。如果你被强奸或者杀害，这是很糟糕，但是还不是百分之百糟糕，因为你爱的人也可能会被强奸或者杀害，而这是更糟糕的。如果你被慢慢地折磨致死，你还可以被折磨得死得更慢。只有一件事情是完全糟糕的，那就是整个人类、所有现在有生命和没有生命的东西以及整个宇宙都不存在了。但是，这在近期内是不大可能发生的。

即使我们的整个宇宙都被摧毁了，那最多也是不幸的，而不是真正糟糕的，有这样几个原因：①人最后总是会死的；②一旦我们被摧毁了，我们也不会知道自己不存在了；③许多物种，例如恐龙灭绝了，但真的有那么糟糕吗？④如果你把可能或者实际存在的人类（或者动物）的灭绝定义为糟糕的，这对你活着或者快乐起来有帮助吗？

（3）当你把一件不幸的事情定义为恐怖的、可怕的或者糟糕的，你有时候是指（再说一次，如果你对自己是诚实的）它比不好的还要更不好，101% 或者 200% 的不好。你怎么证明这个假设？

（4）当你声称一件很可怕的事情是糟糕的，你通常是在说这种程度上的糟糕几乎是不可能存在的，但①它是存在的，尽管不合理；②不能像它实际上呈现出来的那样糟糕；③它绝对不应该存在；④它如此可怕以至于你无法有效地改变它，接纳它，或者应付它。出现了很多关于这件事情的高度自相矛盾的想法时，你又倾向于把这件事情神化或者夸大它的恶劣程度；你会坚持认为它太真实了或者太不真实了；因此影响了你，使你无法应付。看看你的这种行为创造了多大的一个烂摊子！

（5）正如前面所提到的，夸大自己遇到的麻烦很少能够帮到你（或者任何人），也无法减轻这些麻烦的程度，还会影响你，让你无法改善遇到的状况。你会觉得事情变得更令人沮丧，比实际情况更加糟糕；你可能还会让整个情况变得恶化。要是不停地想着这些麻烦，你会增加这些麻烦令你烦恼的程度，并且使这种烦恼一直持续下去。你会无休止地受到它们的困扰。

有什么解决办法吗？告诉自己，麻烦只是麻烦而已，没有那么糟糕。即使是非常大的麻烦，也只是大麻烦而已。接受让你不愉快的现实，并且一直试图改变它们。不断驱走内心感到的害怕和恐惧，直到你不再被它们影响。接下来你将自动地不再有任何害怕和恐惧，即使偶尔又产生了这些情绪，你也会迅速将这种情绪转换成实事求是的接受。这样反反复复多次以后，生活中遇到的不幸仍然会让你感到沮丧和失望，但是其程度只是让你想要改善现状，而你再也不会将小麻烦变成大灾难，将现实中的不幸变成想象中的恐惧。

避免负面想法

　　和所有人类一样，当你真的很不喜欢发生在眼前的一切时，你经常会愚蠢地坚持说："我实在忍受不了了！我真的受不了！"但是其实你能够忍耐，也正在忍耐。为什么？因为，其一，如果你实在无法忍受让你痛苦的事情，例如没有找到好工作，被喜欢的人拒绝，或者生了大病，你肯定就一命归西了。那么，你会吗？除非你真的蠢到自杀。也许你真的没法从一个很高的悬崖上掉下来结果还是活着。但是，很少有什么是你不喜欢但又会真的导致你死亡的。实际上，你很少在遇到实质危险的时候大叫"我受不了了！"，而是在遇到并不危险的事情，例如被别人拒绝的时候大叫。所以事实是，你能够忍受几乎所有你不喜欢的事情。

　　其二，类似"我无法忍受失去这份很好的工作！"或者"我无法忍受失去约翰（或者琼）的爱！"类似这样的想法都是夸大其词。它们真正的含义是："如果当我失去这份好工作或者失去约翰（或者琼）的爱时，这种事情不应该发生，所以我再也不能快乐了，此后余生的每一分钟我只会感到巨大的痛苦！"如果你深信这一点并且按照这个想法行事，也许你真的会让这个想法变成现实。但是你的想法真的是对的吗？当你的生活中发生了什么不幸，你真的一定要让自己永远痛苦下去吗？当然，你可以，但是你不一定非得这样。如果决定这样去做，你也可以在生活中找到其他乐趣。

　　其三，当你在说"我实在忍受不了了！我真的受不了！"的时候，事实上，你就是在忍受它。如果你说，"我实在受不了这份工作！"或者"我实在忍受不了这段婚姻了！"你可以开始计划如何离开这份工作或这段婚姻。当然可以。这是合理的想要改变现状的决心。但是当你无法忍受一份工作或者一段婚姻，同时又痛苦地处在其中的时候，你实际上正在忍受它。你在抱怨无法忍受某样东西的时候，事实上你正在忍受它！

不幸或者极端的不幸会不断发生，但是你能够选择去应对它，选择从中获得某种其他的满足感。或者你也可以选择"无法忍受"，但又继续忍耐下去，让自己无端地受苦！你还可以选择离开某种处境，尽管如果你留下来、做点什么去改善它会产生更好的结果。

为什么坚定、强烈和持续地相信"我肯定能够忍受任何事情，不管我有多么讨厌它！"是如此重要（尽管不是完全必需的）呢？有以下几个原因。

（1）你总是会遇到你不喜欢的事情的。为了保护自己，你要做的就是接受现实，把它们看作只是一种挫折，并且尽自己最大的努力减少或者消除这些挫折。例如，贫穷、被施暴和强奸、严重的疾病和事故、被监禁和虐待。你最好以健康的心态讨厌这些不幸，想办法避开它们，寻求他人的帮助，停止将错就错，一旦无法避开则想办法应对。但是不要总想着"我再也忍受不了了"，这样只会加重你憎恨它们的情绪，并且使你无法轻松应对。

（2）"我实在忍受不了这种挫折了！"意味着你一点儿都不愿意想到它，更不会计划怎么战胜这种挫折。如果是这样，你如何才能克服并改变它呢？

（3）"我实在忍受不了！"的心态会让你无法正常地思考，并且以消极的方式对待你讨厌的人和事。如果你认为你无法忍受挑剔的人，你很可能会让自己对他们感到愤怒，夸大他们的"缺点"，你无法生出自己的自信，并且对他们过度抱怨。这些行为会带给你什么？肯定不会让你变得积极！

（4）当你无法忍受某人的行为时，你会让自己对这个人过度失望，并且把他们看得比本人更加可怕。当你无法忍受那些行为举止惹人讨厌的人时，你会抱怨他们的不良行为，认为他们一无是处，也许完全拒绝和他们来往，并且忽视他们的闪光点。你让自己变得异常偏执，常常在鸡蛋里挑骨头，只想在别人的行为中找到坏的一面。

（5）同理，当你无法忍受一种糟糕的情况时，例如自己的家庭或者工作中遇到的某些事，你会把它看得无可救药，完全抵制，无法看到它好的、令人愉快的一面。

当你让自己完全相信你能够忍受令人沮丧的人和事时，你可以选择是离开它们或者继续忍耐，并且发掘它们的优点。不仅如此，有时候你最好不要避开挫折，就像那些没法避开的你爱人的亲戚，或者你的工作薪水很高但老板却很讨人厌，再或者像癌症这样的疾病。你仍然可以接受它们令你不愉快的一面，有时候尽量找到它们让你欣赏的地方，忍耐它们，想办法找到令你满意的相处方式。

一旦你再一次告诉自己，你能够忍受发生在你身上的几乎任何事情，你将不再感到这些生活中大大小小的麻烦带给你的恐惧感。当你强烈地相信你能够只是感受到一些不适，你遇到的只是一些麻烦，你就会获得超乎寻常的宁静。是的，你仍然是要下决心改变一些你能够改变的挫折，但是平静地接受，有时候甚至要享受那些你不能改变的挫折。这种不同寻常的清醒能够长时间轻松地为你的生活增添色彩！

避免以偏概全

人们总是很容易以偏概全，有时候是过度以偏概全。因为找工作失败了几次，你可能就会下结论，"我想找的工作大部分都不招人了，我估计还得再找找，直到找到一份我喜欢的工作"。

很好！这是个合理的总结，它对你有用。

但是你也可能愚蠢地加上一句，"就因为我一直找不到自己想要的工作，我永远也找不到好工作了。再也没有我喜欢的职位了。我最好放弃，不再找了"。

你失败了几次，并不代表你这次就一定会失败。你的蓝眼睛的父亲或者母亲待你不好，并不意味着你就必须避开所有蓝眼睛的人。

你的以偏概全是不符合逻辑并且故步自封的。它们可能会带来对于其他人和群体的偏见。一定注意并且修正自己的想法。

以偏概全以一种特别有害的形式表现出来就是贴标签。如果你说"我很懒"或者"我是一个懒惰的人"，你就是在以自己的某些行为作为例子，证明你总是很懒，并且在所有方面都很懒惰。但是你是这样的吗？将一切标签化意味着你会一辈子带着某个标签，再也不能改变。如果你真的很懒，也就是说你是懒惰的化身，如何才能让自己变得不那么懒惰或者不再懒惰呢？不太可能！

不仅如此，"我很懒"通常意味着："我不应该那样，因为我那么懒惰，所以我就是个一无是处的人！"正如我之前所提到的，当你某些时候的某些行为是自己不喜欢的，你就用自己的某一个缺点表示你整个人是不好的。

甚至告诉自己"我的行为是懒惰的"也会带来危害。因为它可能意味着你几乎任何时候做任何事情时都是懒惰的。这是真的吗？不见得！

还有，一定要小心，不要将自己的烦恼当成标签贴在身上。也许有时候，也就是在某个特定的时刻、特定的情况下你会觉得很抑郁。但是如果因此下结论说"我是一个忧郁的人"，你就是在鼓励自己在很多情形下常常感觉忧郁。这就是我们的医疗传统常常带来的危险之一，我们经常给人们贴上抑郁的标签，结果就是让他们感到泄气，连尝试做出改变都不可能。

同理，像"我彻底失败了"这种的话就比"我某个时刻的某个行为是失败的"要糟糕多了。"他是个疯子"就和"依我目前看来，他在某些特定的场合下有些疯狂"截然不同。

所有的标签都是愚蠢的吗？肯定也不是。香蕉和梨都可以被称为"水果"，这没什么害处。但是如果你说，"因为香蕉和梨是水果，因为我不爱吃这两种，所以我最好离所有的水果都远一点儿"，那你就是在给自己找麻烦。限制性和以偏概全地贴标签才是我们应该小心的。所以一定要小心地评价别人不良的行为而不是这个人，包括你自己，这个正在给别人贴标签的人！

然而，也不要因此就找借口避免发表任何意见。当人们"很糟"以及"不公平"的时候（他们经常会这样！），你要放弃命令他们立刻停止自己的"糟糕"行为这种不理性要求，不要指责，试着平和地引导他们做出改变，接纳（不是喜欢）他们无法改变的行为。然而，如果可能的话，要告诉他们为什么以及你有多么不喜欢他们的行为。心平气和地劝告他们要改正自己的行为。如果可以的话，主动远离他们。但是不要尖叫和抱怨说不准他们做这做那，因为他们正在做着这些事。如果你有权力阻止他们，小心地使用你的权力。如果你们没有这个权力，不要假装你有。人们总是会按照自己喜欢的，而不是你喜欢的方式行事。很不好，但也不至于到糟糕的程度！

要做出深刻的人生哲学上的改变，并且显著地减少自己的烦恼，你最好读读阿尔弗雷德·柯日布斯基1933年在《科学和健全精神》中指出的这段话：你和其他人一样，有一种内在和后天习得的使用以偏概全和标签化语言的强烈倾向，例如"某某是……""非此即彼"的思维模式和其他不准确的语言。这个倾向不会让你失去理智，但是，如柯日布斯基所说，它会让你变得不理智，或者有些神经质。

凯文·埃弗雷特·菲茨莫里斯（Kevin Everett FitzMaurice）是内布

拉斯加州奥马哈市的一位治疗师，他曾经创新性地将普通语义学的原则引入了心理治疗和咨询中。他所著的《态度决定一切》(*Attitude is All You Need*) 一书中包含了与以偏概全和贴标签有关的一些精彩的观点。他赞同理性情绪行为疗法的原则，即你最好放弃不理性的要求和命令，以及埋怨自己、抱怨、指责别人和别人必须做出改变的要求。他还指出了一些理性的原则：停止具象化！所谓具象化指的是将你对某件不好的事情（例如失败）的想象具象化，将你的想象和这件事等同起来。例如，因为你将失败看作是"可怕的"，将自己的想象变得具体化，并且确信失败就等于"可怕的"。实际上，它对你来说只是"可怕的"这个想法而已，但是你的观点和你强烈的感觉都让失败这件事变得"毫无疑问地可怕"。甚至你的行为也会改变，开始惧怕失败，好像失败是"可怕的"，结果让自己陷入了无穷无尽的不必要的麻烦中。

你可以利用菲茨莫里斯的普通语义学原则，即将想象具体化的观点和理性情绪行为疗法中的以偏概全的概念来看看你是多么容易让自己陷入情绪问题中，然后你就可以帮助自己找到减少烦恼的"轻松"的解决办法。

找找看你什么时候使用了以偏概全、贴标签和非此即彼的思维方式。减少自己在语义上的这些粗心大意当然不会是解决心理问题的灵丹妙药，但它会让你不再那么极端和教条。对由语言引起的心理烦恼越警惕，你就越不会陷入负面消极的想法、感觉和行为中去。过了一段时间，你将经常注意自己的言行，在开口说大话、给自己和别人贴上标签之前就有所警觉。如果是这样，你的烦恼就会大大减少，你也不会那么容易陷入烦恼之中。我将在第9章再次回到理性情绪行为疗法上去。

第8章

坦然接受挫折

我曾在第 5 章中简单地提到过，请你想象你生活中可能会发生的最糟糕的事情，并且准备着如何去应对。这一章我们将谈到如果真的遇到了这种事情，你应该如何去面对。

接受现实

我们的生活中不太会发生真正最糟糕的事情，但这种可能性是存在的。你可能会发现你身患艾滋病或者癌症而生命垂危，或者你爱的人陷入了这种绝境中。或者甚至是世界末日即将到来，或者其他类似的"可怕"的事件即将发生。你该如何应对这些挫折呢?

在写给治疗师的《更好、更深入、更持久的简明疗法》一书中，我提到了一个曾经负责过的案例，现在我简要介绍一下：盖尔是我们位于纽约市的阿尔伯特·埃利斯学院心理咨询诊所的一位治疗师，她手上有个叫罗贝塔的病人。罗贝塔很害怕与恋人的亲密举动会让她感染艾滋病，即使两个人都穿得整整齐齐。她也觉得握手"非常危险"，时刻处于恐慌之中。盖尔经过努力总算让罗贝塔相信穿着衣服和恋人拥抱是不可能让她感染艾滋病的。

罗贝塔变得不那么紧张兮兮，开始大胆和一个非常有安全感的男人交往。两个人亲热的时候，这个男人也总是穿得很整齐。当罗贝塔发现这种有保障的亲热其实很享受的时候，她感到越来越放心，打算终止治疗。

我和盖尔都认为仅仅经历了 12 个理性情绪行为疗法的疗程，罗贝塔能取得这种进步实在可喜可贺。但我还是指出，罗贝塔仍然对与人握手充满恐惧，而且身上的任何小病小痛都让她非常紧张，即使是轻微的胃痛，她也觉得自己是得了癌症。

所以我向盖尔建议，如果下次遇到了像罗贝塔这样的病人，一定要让她学会变得轻松，帮助她看到她得绝症的概率并不高，实际上应该是非常低，但是即使她得了绝症，死亡也并不可怕。为什么并不可怕？因为还没有到百分之百糟糕的地步，她本来可能会在更年轻的年纪死去，或者死得更加痛苦。事情还没有到那么糟糕的地步，所以不需要如此绝望。不管情况有多么糟糕，它都应该是这样，因为现实就是这样：只是非常糟糕，却不是最糟糕！

盖尔同意，如果罗贝塔能够试验一下我提供的轻松疗法，她的严重焦虑将得到极大的缓解。在接下来的疗程里，她试图让罗贝塔相信没有什么事情是糟糕到极点的，包括死亡。她让罗贝塔看到，就我们所知，死亡和我们出生前所处的状态没什么不同：一片空白。没有烦恼，没有痛苦，没有恐惧：什么都没有。所以为什么要杞人忧天呢，反正你迟早要面对死亡的，也许在 95 岁之前你对死亡的恐惧都是多余的！

当盖尔向罗贝塔灌输这些概念的时候，她一开始并不买账。她承认死亡本身也许并不可怕，但痛苦地死去却让人充满恐惧。但整个疗程结束的时候，她进行了更深入的思考，发现盖尔说得很有道理。死亡本身没有什么可过分担心的，甚至死亡的过程都会很快，没有疼痛。

得出这个结论之后，罗贝塔对于感染性病或者其他疾病没有那么害怕了，胆子也变得越来越大，在最后一次疗程中，她感谢盖尔帮她战胜了自己的恐惧。"是你帮我看清了这一切，"她说道，"我甚至学会将死亡看作是一件讨厌却并不可怕的事情，我现在彻底解放了。对于性病，我仍然会采取合理的预防措施。接下来的人生里，我相信我仍然会有一些恐惧，但不会有太多并且也不会太严重！"

当罗贝塔对于长久以来困扰她的害怕和恐惧症做出这样轻松的结论时，她的欣喜和盖尔的喜悦不相上下，而盖尔高兴的是终于帮助她摆脱了焦虑。

这种"想象可能会发生的最可怕的事情"的态度有一个好处，就是它不仅能够让你对于比较小的"灾难"不再感到恐惧，还能够减轻你对"绝境"的焦虑。因为你会发现，即使是发生了最可怕的事情，它也只是很令人"不快"，但绝不是"糟糕透顶"。接下来，你会不再让自己对任何不幸感到烦恼。你仍然会对生活中遇到的严重挫折感到担心，却不会感到恐惧。

如果你对自己的恐慌采取了这样的解决办法，你将不再夸大实际正在发生的"坏事"的可怕程度，并且让自己在情绪上更加稳定。例如，哈利很害怕去看棒球比赛，因为他总觉得一个棒球会飞到他的座位上，打中他的眼睛，让他一辈子都看不见。但是，当他最终接受了这样的事实，即如果这些真的发生了，他虽然痛苦，但仍然会活着，并且快乐地生活。他终于领悟到他可以选择一个相对安全的位置，这样他就能接住或者躲过一个向他飞过来的球，而且在棒球比赛中被击中导致失明的可能性其实是微乎其微。于是，他终于毫不畏惧地去看棒球比赛了。

就像我描述过的那些病人一样，你也能够接受这样的现实，即你对于我们所谓的"命运"和那些可能会发生的事故并没有控制权。如果你近乎歇斯底里地认为你必须对所有危险的事故都有绝对的掌控，你还是不可能做到这一点。即使你能想办法控制其中一些，你却极大地限制了自己的自由和生活。例如，如果你避开了乘坐"危险"的飞机，你也可能躲不开一场汽车事故；你还限制了自己旅行的距离和方式。如果你"安全地"待在自己的公寓里哪儿也不去，你还是可能会遭遇火灾。不管如何保护自己，你还是会感染某种病毒或者遭遇其他的危险。而且，你根本就无法完全控制自己的命运！

如果接受了宇宙是不可控制的这个事实，你将大大减少自己对于危险的焦虑。如果要让自己"百分之百的安全"，你就会给自己带来极大的限制。一旦你意识到这一点，就会发现这种所谓的"安全"太不值了。而且，即使是对最大的危险做好准备，也不见得让你百分之百安全。从某种程度上来说，活着就是危险的。如果你完全接受了这一点，对于"可怕的"危险和不利情况的担心就会大大减少。当你在合理的范围内小心谨慎，并且接受生命中可能会出现的危险的时候，你就给了自己更大的机会去享受生活的赠予，不管这种赠予是好的还是坏的。正如麦克·艾伯拉姆斯（Michael Abrams）和我在《如何面对绝症》（*How to Cope With A Fatal Illness*）这本书里写的那样，人们虽然知道自己将不久于人世，但还是可以选择尽可能享受还活着的日子。

路易斯·汤姆斯（Lewis Thomas）是一位著名的医生和作家，在知道自己身患罕见绝症之后，他就是这样笑着面对生活，并且还活了好几年。亚瑟·阿什（Arthur Ashe）也是这样，他因一次输血不幸感染上艾滋病，但却勇敢地继续活下去。魔术师约翰逊和安纳托尔·布洛亚德（Anatole Broyard）也都坦然地接受自己身患绝症的事实。还有其他一些不那么有名的人，例如沃伦·约翰逊（Warren Johnson），一位理性情绪行为疗法教授和心理治疗专家，他就写了一本名叫《积极反抗》（*So Desperate the Fight*）的非常精彩的著作。如果你能坦然接受生命中真正的危险，有时候即使身体上不舒服，但在精神上也可以非常愉悦。

那么像我这样一个已经 85 岁，而且从 40 岁起就患有糖尿病，必须依赖胰岛素才能活下去的人，有没有在自己身上使用理性情绪行为疗法呢？那是肯定的！当我意识到会有最坏的情况发生时，例如截肢或者完全失明，我立即对自己说："很不好！情况很棘手！但这还不是世界末日。不是的，它不可能那么糟糕或者可怕。只是很讨厌、很烦人而已！"

我真的这么相信吗？是的，我的信心来自哲学，而非心理学。

我在 16 岁的时候就开始了与哲学有关的阅读和写作。我主要关注的是获得人生快乐的哲学，很快我就想通了，只要我和其他人都还活着，并且没有遭受到肉体上太大的痛苦，我们总能找到令自己觉得开心的事情，即使我们身患疾病，孤身一人，被其他人轻视或者被剥夺了常有的快乐。

在 20 多岁的时候我甚至想到了，如果我被流放到了一个荒岛上，没有书可以读，没有人可以聊天，没有收音机可以听音乐，也不能写作，我仍然能在自己的脑子里创作一首长诗并且记住它，从中获得很大的乐趣，当然前提是假如我后来又得救了。无论如何，我会固执地拒绝让自己感到命运悲惨，只要我还活着，并且无需忍受肉体上的巨大痛苦。

遇到挫折的时候，理性情绪行为疗法给了每个人相同的解决办法。它告诉我们，只有持续的肉体上的痛苦才可能（而不是常常）让我们感到人活着没有价值。

如果你是盲人或者残疾人呢？如果你卧病在床或者只能坐在轮椅上呢？如果你总是孤孤单单又没有朋友呢？

这都没什么大不了的！至少，它没有那么重要。当然，如果你有很多甚至是大部分人生乐趣都被剥夺了，这件事确实挺严重。但是只要你活着，你仍然能够找到一些乐趣：音乐、艺术、阅读、写作、集邮、编织、园艺、打电话、帮助别人。是的，那些你挑选的，你喜欢的，你真正享受的事情。是的，尽管还有好多事你做不了，只能放弃。是的，尽管生活中有太多的不如意！

所以，不要放弃。不要以为毫无希望了。你能接受社会现实（或者也许是社会的不公），并且让自己只是感到适度的遗憾和失望，而不是消极地感到抑郁、恐惧和害怕。我知道要做到这样很难，但并非不可能。如果你强烈地相信自己能够做到，那么可以经常找到一些真正的、个人的乐趣！

再一次强调：一定要努力相信，如果最坏的事情发生了，你也无需感到悲惨和害怕。我知道那些都是大麻烦和困难，但并不是凄惨和绝望。这就是你能够坚定相信的理性情绪行为法则，当然更要使用！

不要抱怨

1955 年，发明了理性情绪行为疗法之后，我很快就在一些客户身上使用了这种疗法。我吃惊地、甚至可以说是震惊地发现，如果他们和我能诚实面对他们所感受到的痛苦，会发现其实这种痛苦只是来源于他们自己的抱怨。就这样吗？当然，也许不全是，但在很大程度上确实如此。

当我在自己的论文"理性心理疗法"（*Rational Psychotherapy*）中总结出了 12 种非理性的想法之后，这一点变得愈加清晰。这些非理性的想法大致可以归为三大类：①"我必须要很好并且得到表扬，否则我就是一个废人！"②"其他人必须待我很好或者很公平，否则他们就是烂人！"以及③"一切必须要跟我想的一样，否则这个世界就是糟透了！"如果你有上述这些想法并且深信不疑，就会经常抱怨自己遇到的不幸和挫折，让自己变得高度焦虑和抑郁。

如果你仔细地思考一下，就会发现所有这 3 种想法其实都是傲慢的抱怨："我必须要很好，如果做不到，我就是个一无是处的可怜虫！"这就是纯粹的抱怨！"你必须对我很好，如果你做不到，就是一个烂人，因为我这么可怜，你还不对我好！"你还是在抱怨！"我生活中的一切都必须让我满意，如果不是这样，那这个世界对于可怜的我来说就是个烂地方！"你就是在抱怨、抱怨、不停地抱怨！

如果你有任何上述这些要求，承认吧，你就是在抱怨。当然，不要因为这些抱怨就对自己失去了信心。相反，打起精神来解决这个问题，让自己获得一种不抱怨的生活哲学吧。怎样才能获得呢？试试以下这些方法。

（1）承认你在挑剔，你该为自己这些自怜和抱怨的行为负责。也许其他人的确对你不好，你遇到的情形对你来说确实有失公平。但是没有人让你为此而抱怨。没有人，除了你自己。

（2）努力看清你的抱怨会产生多么致命的伤害。它让情况变得更加糟糕。它让你变得幼稚、不讨人喜欢，还会给你带来胃溃疡和高血压。你会变得畏畏缩缩，什么也不敢干。这种抱怨肯定不会让你变得更好，不会让其他人对你更加公平，或者改变贫穷的生活状态。

乔恩小时候曾被自己的哥哥汤姆性虐待。爸爸也常常对他大打出手，破口大骂，妈妈则完全不管他。他还因为学习不好被同学叫作"白痴"。10岁的时候，法庭认为他的家庭根本无法保证他的健康成长而将他送去寄养。尽管他努力克服了自己在学习上遇到的困难，却还是没有时间和金钱上完四年大学。但他还是尽力获得了一个专科文凭，成为一名心理健康中心的助理，尽管他更想成为一名心理医生。直到27岁，乔恩还在为自己的悲惨命运感到极度抑郁，总是觉得自己非常可怜，无法获得更多成就。对于哥哥和爸爸对自己的虐待，他总是感到愤愤不平。

乔恩青少年时期曾经接受过几个疗程的心理治疗，是他的治疗师向他介绍了理性情绪行为疗法，乔恩因此就这种疗法进行了非常积极的自学。他首先不再让童年时遭受的虐待一直困扰自己，试着去原谅他的爸爸、哥哥和妈妈，并尝试和他们建立良好的关系。他完全接受了他们也只是普通人，也有缺陷的事实，并且试着帮助他们了解什么是理性情绪行为疗法。但当他发现他们并没有意愿想要努力改变自己，过更健康的生活时，他也接受了这个残酷的现实。在接纳他们的同时，他发现之前关于自己受到过虐待的牢骚和抱怨都只会暂时让自己感觉良好，并且掩盖了他对自己缺点的感知。他尤其对自己没能上完大学并且读心理学研究生耿耿于怀，但最后他终于承认，没能上完大学是因为自己的经济条件不好，而不是因为自己"太笨"，所以他没能成为一名专业的心理医生是情有可原的。

不仅如此，乔恩还承认他属于低挫折承受力（low frustration tolerance，LFT）人群，甚至也许还从自己的父母那里继承了一些耽于享乐的心理倾向。所以他首先严厉批评了自己的缺点，但还是努力进行无条件自我接纳，直到他真正接纳了自己的不足之处，并且不会为了掩盖这些不足而归罪他人。

对于自己的牢骚和抱怨，乔恩取得了他所谓的"突破性的进展"，他在自己的最后一个疗程中这样解释道："在《理性生活指南》这本书中，我读到了理性情绪行为疗法，从此我意识到我的挫折承受力较低，对于自己儿童时期遭受的虐待，我一直不停地抱怨。因此我开始努力停止这种抱怨，几个月后就取得了很大的进步。我理解了你所说的人类有给自己带来烦恼的天然倾向。我仍然会时不时地抱怨生活中的种种不幸，并且觉得自己很可怜。但是不会持续太长时间！很快我就觉察到了自己的行为，赶紧停下来。"

"我最近发现，我喜欢通过抱怨别人对我不好来掩盖自己的意志消沉。于是我就开始努力改变这一点。很快我就意识到，责骂自己也是一种抱怨，我当时一直对自己说的是，'我不应该这么脆弱。我应该振作起来，继续努力拿一个心理学的研究生文凭。因为经济条件不好，或者其他种种原因而放弃努力是弱者的行为。'"

"所以现在我不再这么批评自己。我现在完全接纳了自己的脆弱。就在这样做的时候，我更清晰地发现我不是一个可怜虫。我只是一个会犯错的普通人，仅此而已，和其他人一样。尽管我的脆弱显而易见，但我不是一个软弱、愚蠢的人。"

"也许，最奇妙的是，我现在有了一套有效对付自己的抱怨的办法。我时时刻刻警惕自己是否在抱怨，找到它，反驳它。当然我也会有失败的时候，但是我的抱怨肯定会越来越少。只要发现我有抱怨的苗头，例如最近我得了流感，我就会发现自己想要抱怨的念头，我会阻止它，然后继续积极地生活。通过这种方式，我节省了大量的时间和精力。我对挫折的承受力越来越强，对自己的弱点也越来越宽容。一旦有不好的想法冒头，我会立刻把它们消灭在萌芽阶段！这是个节省精力的好办法！"

乔恩这种对抗抱怨的方法不见得在每个客户和读者身上都能取得效果。有的人告诉我说，一旦他们发现自己有抱怨的苗头就赶紧打住，但有的人却很容易故态复萌。理性情绪行为疗法认为，如果你能够发现自己有多么经常抱怨，这种抱怨有多大的负面影响，并且持续努力减少自己的抱怨，你就能够不再埋怨自己、其他人或者这个世界。当然，你也许还是会在遇到挫折之前和之后抱怨。事实上，你的抱怨常常是引发不幸的原因。但反过来停止抱怨也会减少你可能遭遇的不幸。这种不抱怨的生活哲学最终将减少你的烦恼，并且让你越来越不容易感到烦恼。

积极地面对

尽管你生来就有直面问题并且解决困难的本事，但你的身体构造和后天教育也让你变得不愿意改变自己的坏习惯。你最消极的一个倾向也许就是凡事都觉得"我不行"。

举一个典型的例子，你想要学会弹钢琴或者克服自己情绪上的某个毛病，试了几次，但没有成功。然后你就会不理性地做出结论："看吧！我永远也做不到！我就是不行。"有些人甚至连试都不试。他们做的就是想想，然后连想想都觉得费力（其实是他们的软弱作祟），他们就下结论："我不行。"

这类"我不行"的想法对于治疗有毁灭性的作用。我经常告诉我那些比较难治愈的客户："只要你说以及真正相信'我无法改变'，你就真的让自己无法改变了。当你固执地认为你不行，你就不会努力做出改变，你会找各种办法来阻挠自己，然后你就真的改变不了了，实际上，我们可以说，是你让自己变得无法改变。并不是因为你真的改变不了，而是因为你相信自己无法改变。这是对自己最残忍的伤害。"

"我不行"的想法真的很糟糕。也许它们对你来说并非世界上最糟糕的事情。但它们也可能就是！尽管它们不会让你处处失败，但对你真的一点儿帮助也没有。想想每次你认为你不行的时候发生了什么。你是不是就此止步？它们让你无法获得成功，是不是？

如何才能克服这种"我不行"的想法呢？这可不容易！因为有时候尝试过之后遭遇失败是自然而然的，同时又节省了我们时间，让我们不再做无谓的尝试。当你强烈地想要做一件事情又失败了的时候，你通常会判断和决定到底是不是继续。这一点是很真实的，因为你通常会有几个不同的备选方案。

例如，达娜想当一名成功的演员，尽管她相貌出众又有表演天分，但只得到过几个小角色，出场时间也不长。为什么？主要是因为她通常并非选角导演想找的类型，即便她是，也有10个或者20个其他候选演员跟她一样漂亮。

达娜还很聪明，也有设计服装的天分。所以她面临的难题是："我该继续坚持演员梦，不停地碰壁然后永远也出不了名吗？还是我应该试着成为时装设计师，也许机会更大？"

当我第一次为她进行心理治疗的时候，她对于得不到演出机会非常沮丧。她的结论是："我就是得不到自己想要的东西。我永远也成不了一名成功的演员了。有什么用呢？我最好还是放弃吧。"但是她也很困惑，因为她又觉得，"如果我放弃的话就太难受了，因为我喜欢表演胜过这世界上任何东西，我一定要成功！"

我为达娜治疗了几个月，鼓励她读我和比尔·诺斯（Bill Knaus）合著的《克服拖延症》（*Overcoming Procrastination*），并且听几盘理性情绪行为疗法方面的磁带。达娜开始反驳自己那些不理性的想法，比如她必须成为一名出色的演员，她不应该经常被拒绝，她不可能成功等。她首先摆脱了前两个消极的想法，感觉好多了。但是她仍然坚持认为由于得到演出机会的概率实在太渺茫了，她肯定得不到机会。所以她总是拖着不肯去参加任何演员面试，开始将自己的全部精力都投入到成为时装设计师中去。

我坚持告诉达娜，她可以不让自己将"我要得到一个好角色真的很难"的想法变成更为负面的"我肯定得不到一个好角色"的想法。我还帮助她抛弃这样的想法："面试之后被拒绝太糟糕了，我感到的不是失望，而是极度的抑郁。因此，我不能够承受这种痛苦，我必须放弃当演员！"

达娜积极地让自己和那些令她沮丧的、不理性的想法做斗争，即使很不愿意去参加面试，她还是逼着自己去了。她终于能够不再感到沮丧，只是对于被拒绝感到遗憾和失望。她参加面试时扩大的交际圈子帮她获得了为一些戏剧和电影设计服装的工作。因此而获得的收入又让她坚持继续寻找演出机会，最后她有了稳定的工作，同时还成为一名崭露头角的设计师！

战胜负面想法的 7 个步骤

如果你也成了"我不行"想法的牺牲品，如何才能摆脱它呢？请看以下 7 个步骤。

（1）让自己明白，就像前面我所提到过的，你天生很容易从"得到我想要的东西很难，我试过几次，但都失败了"跳到"我永远也得不到我想要的东西"。你得出的结论并不是基于你之前的观察。"很难"最多意味着很难得到，但并不意味着不可能。

（2）让自己明白，"我做不到！我永远也不可能做到！"这样的预言通常会自动实现，因为它让你还没有开始就放弃，结果反而"证明"了你做不到。不要像有些人那样从"成功"地预言了自己的失败中获得满足感！

（3）让自己认识到，很多目标，例如让一家顶级出版社出版你的第一部小说，其实成功率是很低的。但是成功率低却并不代表没有一点儿可能。是的，有些事情你真的不能做到，例如成为完美的人。但是如果你相信你能行，你就能够改变自己的想法、感觉和行为！

（4）让自己看到，你以前也完成过困难和"不可能"完成的事情，其他人也是这样。所有的事情迟早都会发生变化，包括巍峨耸立的大山。你曾经有过辉煌的过去。发誓说"我不可能改变"的人通常都变了。很多人发生的是几乎 180 度的大改变。例如，商人变成了牧师或者修女；牧师和修女转而从商。发生显著改变是可能的。

（5）改变需要大量的思考和努力。当你积极地推动自己做出改变的时候，你就有很大的机会获得成功。不是一定会，但是可能性很大！

（6）有时候口头上说"我会改变"，其实是在避免做出艰苦的努力并且获得实质性的改变。如果你发现了自己在这么说，就一定要当心。我在第 5 章中提到过，意志力，包括改变自己的意志力，由几点构成：你让自己改变的决定，你就这个决定做出行动的决心，你在如何改变这方面获取的知识，以及你持续改变的行动。光是动动嘴皮子，告诉自己和其他人"我会改变"，可能仅仅表达了一种意愿，却没有执行力作支撑。它也许还是一种避免改变的策略，如果没有实际行动，"我会改变"仅仅是一张空头支票。

（7）回到改变自己的两个主要层面。

在第一个层面上，你为自己带来不必要的烦恼，昭告自己和其他人以及这个世界，说情况绝不可以那么糟糕。你可以这样告诉自己，但是也可以不这样告诉自己。你的生理结构和后天教育让你很容易自寻烦恼，但是你天生也有一种本能来消除自己的烦恼。所以让第二种本能发挥作用吧！

在第二个层面上，你不停地为自己带来困扰，当然，这其实是你自己的选择。你也可以选择不这样做：拒绝让自己的烦恼给自己带来困扰。

如果遇到这两种情况，你最好让自己坚信，你能够改变，你也有这样的能力和意志力，即使又回到过去的老习惯，你也能够很快出现进步。

如果你想要大大减少自己的烦恼，明白最后一点很重要。不管你有多少次赶走了自己的烦恼，你可以且很可能时不时地故态复萌，产生消极的想法、感觉和行为。当出现了这种情况的时候，一定要想到你曾经用理性情绪行为疗法减轻了自己的烦恼；因此，你是可以再次使用这种疗法的。不仅如此，你以后还将不断地利用这种疗法。你也许会出现很严重的倒退，但是你改变自己的能力还在。你曾经取得过进步就很好地证明了你能够再次做到。你曾经改变过自己；这就证明了你内在是可以改变自己的！

你也是习惯的产物。一旦你学会了开车或者熟练地说一门外语，你一般会保留这样的习惯。甚至当你有好一阵子都不开车或者不讲这门语言，你也不会失去这种能力，只要稍加练习，你就能恢复到先前的水平。

就像我们常说的那句话："只要你学会了骑车，就一辈子也忘不掉了。"

在练习如何减少自己的烦恼时也是如此。一旦你尝试减少自己的惊慌、抑郁、愤怒和自我憎厌的感觉，并且不断练习一段时间后，你就会形成这样的习惯。很快你就能大大地减少这些负面的感觉和行为。你知道自己先前是怎样做到的，你就会有信心能再次减少自己的烦恼，就好像你有信心开车或者讲好一门外语。

你也能够知道如何避免产生痛苦的情绪，以及如果又感到痛苦的时候该如何避免这种情绪。然后，你就能够在很大程度上让自己不再轻易感到烦恼。你不一定必须学习如何预防痛苦的产生，但是你肯定是可以学到的。事先了解本书提出的这些原则和理论，你就能够学会不让自己轻易陷入烦恼，你能有意识地勤加练习，让自己学会如何减少烦恼。

预防烦恼产生

约瑟芬娜主要是通过读我写的书和听我们的录音资料来了解理性情绪行为疗法的，也接受过几个心理治疗疗程来检视自己的收获，并实践书中提出的理论。原先她非常想在政治上获得成功，以证明自己很受欢迎，因此是一个真正的好人。当我第一次见到她的时候，她喜欢自己仅仅是因为自己是某个州最有影响力的参议员。她还强调自己有几个很亲密的朋友，因为与朋友交往能够让她获得很大的快乐。当有几个她真正喜欢的朋友不再给她打电话，只有在她多次要求之后才跟她见面的时候，她觉得自己被孤立了，"就好像成了一个隐士"。所以，在社交关系上，她自信心不高且挫折承受力低。

通过阅读和听理性情绪行为疗法的资料，约瑟芬娜让自己知道，即使失去了参议员的席位，她还是一个好人。如果失去了几位好朋友，她也能够承受。所以对于自己是不是很受欢迎，是不是有亲密的朋友，她也没有那么在意了。她不再对自己感到失望，即使发现有些人并不是自己真正的朋友，她也能够坦然接受了。

但约瑟芬娜会一次次地故态复萌：因为自己在政治上的受欢迎程度下降而对自己失望，因为自己的社交生活不如自己想的那样如意而感到愤怒和自怜。如果出现了这种情况，她会迅速地发现那些对自己、对别人、对这个世界的不理性的要求，积极地反驳这些要求，将自己那些不健康的沮丧情绪转化为健康的遗憾和失望情绪。不仅如此，她还持续观察自己在克服这些情绪问题上取得的进步，发现自己不停地重蹈覆辙，然后利用理性情绪行为疗法中的反驳方法将那些烦恼一一解除。她意识到，那些令自己陷入烦恼的方式和她使用的那些理性情绪行为疗法的程序形成了一个模式，每当烦恼再出现时，她几乎是自动启动了那些程序。

于是，她决定更进一步。每当她又开始纠结于自己的支持率和友谊并且感到沮丧时，她就回顾之前使用过的理性情绪行为疗法的一些自助表格，并且再听一遍之前听过的如何坚定反驳自己那些不理性要求的磁带。她发现只需要稍微复习并且巩固一下。因此，她会放一盘她自己录制的一些反驳自己那些不理性要求的磁带。例如，当她说："如果在选举中我表现不好，我就再也不能感到快乐了"时，她会强有力地反驳自己："瞎说！胡说八道！糊涂！不管我的支持率多么低，我都能接纳自己！我可以！我一定会！"这种方法让她很快走出忧郁，并让她不再那么容易自寻烦恼。

约瑟芬娜还自己设计了一套预防程序。每当发现自己的政治或者社会支持率下降的时候，她就预感到自己肯定又要感到沮丧了。因此她就会拿出理性情绪行为疗法的自助表格，将那些最可能让她感到抑郁的不理性想法写下来，并且在自己真正感到抑郁之前将这些想法过一遍。她发现这么做的时候，首先，她感到沮丧的次数明显减少。其次，因为她的烦恼大大减少了，她能够考虑自己所处的实际情况，更加理性地行事，并因此获得了政治上的成功，也有了更好的好朋友。即使无法解决那些问题，她也发现自己不那么经常地感到沮丧，对自己也没有那么失望了。

在如何采取预防措施不让自己感到沮丧这方面，约瑟芬娜做得非常好。借鉴她的做法，我也在其他客户身上使用了这种方法。我让他们去寻找约瑟芬娜曾经有意识地在自己身上寻找的问题：让他们发现是自己给自己带来了烦恼，但也能赶走这些烦恼，而且还能时常这么做。接着我又让他们知道他们能够预测自己可能会再次感到烦恼，他们能够使用之前使用过的同样的方法来减少自己的烦恼。一旦了解了这些，他们就能够在情绪问题变得严重之前预先发现，并且采取措施来预防烦恼的产生。

如果下决心减少自己那些不健康的情绪，你也能够做到。首先，当你感到烦恼的时候想办法减轻这些烦恼。其次，像约瑟芬娜那样，回顾之前自己使用过的减少烦恼的方法，然后努力预防这些烦恼的产生，或者在烦恼刚刚生发的时候将它们消灭在萌芽阶段。当然，你不可能消除所有的情绪问题。即使是你能够成功地预防一些情绪的产生，你也很可能会再次陷入其中。但是如果你能按照前两段中列出的方法去做，你就能够有意识地帮助自己不那么容易陷入烦恼之中。

良好的心态

有时候极端是好事。你对一段感情或者甚至没有伴侣感到极度满意，这对你来说都无可厚非。如果你对于某项活动、一段假期、一门生意、一个爱好或者一项事业都非常投入，那么这对你只有好处没有坏处。即使是你生活中过分小心、哪儿也不去，只要你自己没觉得受到了限制，你都会觉得挺满意的。

所以不是所有极端的观点和行为都是坏的，或者有害无益的，但是有些却是。严重的悲伤、后悔和抑郁都可能影响你的生活，即使这些感觉可能是有益的，并且是合适的，尤其是在你遭受重大损失后。但是极度的焦虑、抑郁、自我厌弃、愤怒和自怜对你几乎没有任何好处，也会让你在遭遇麻烦的时候不能很好地应对，也会让你无能为力、冷漠倦怠。

再说一次，一些一边倒的行为会让你的生活变得不那么美好。如果你只是工作、工作、工作，你会失去生活中很多美好的东西，例如亲密的伴侣关系。如果你总是强迫自己只专注于自己的感情生活，则可能会失去从工作中获得的满足感、金钱和名誉。因为你的时间、精力和天分是有限的，只专注于某一件事情则会使你无法享受生活的其他方面。

所以，这也许令人觉得讽刺，但极度的乐观也会带来同样的后果。正如马丁·塞利格曼（Martin Seligman）和其他心理学家指出的那样，悲观主义会带来真正的危险，例如抑郁、绝望和惰性。另一方面，雪莉·泰勒（Shelly Taylor）和她的同事们又指出，过度乐观会让一些人变得不切实际，他们本来觉得自己无法忍受残酷的现实。盲目乐观，即相信每件事情都会如你所愿，通常只会带来幻想的破灭和恐惧。因为很显然，不可能每件事情都会像你想的那样发展，就好像每个人的生活中都会下很多雨。尽管我们不喜欢下雨，但雨还是会下。

过分乐观或者不切实际的乐观也会让人不再从实际角度思考问题并谨慎行事。例如，如果你失业了，要是你很"肯定"一份非常棒的工作会很快找到你，那你还会脚踏实地去找工作吗？如果你很"确定"你的伴侣会非常爱你，仅仅因为你就是你，不管你如何对待她，那我只能祝你好运了！

亚里士多德早在2000多年前就指出过，两个极端之间会有一个中间地带。如果你找到了这个中间地带，很少会碰到大麻烦。再想想罗伯特·舒华兹（Robert Schwartz）和其他心理学家的发现，他们发现那些大部分时间（大约65%）都有积极或乐观想法，少部分时间（大约35%）

有负面或消极想法的人通常过着比较平衡，从而烦恼少得多的生活。

　　这也是理性情绪行为疗法的观点。注重实际就是亚里士多德所说的一个位于极端悲观和极端乐观之间的中间地带。要注重实际就是充分承认生活中不如意的一面，把它们看作是"坏的"或者"讨厌的"，然后促使自己改变这些不如意的方面。当你无法改变或者逃避它们的时候，你会觉得不开心、遗憾或者失望，这些感觉并不好受，但仍然是健康的。

　　理性情绪行为疗法要让你学会在面对挫折的时候不要反应过度，不管是乐观的还是悲观的反应。你不会盲目乐观到忽略、否认它们的存在，或者坚持说它们是好事，更别说因此而感到兴高采烈了。但是你也不会夸大、妖魔化或者因为它们而感觉非常糟糕，并因此而陷入惊慌、抑郁或者绝望。因为你一直非常现实并且关注它们的存在，但是你不会将这些挫折最小化或者最大化。你的烦恼会少得多，并且你会更有效地应对这些挫折。这就是折中和平衡的主要目标之一：减少生活中的"恐惧感"，对于不可避免会遇到的困难，能够更成功地应对，并且不会感到那么焦虑。

　　折中和平衡的生活也会让你的人生体验更加完整、更加丰富，因此也增加了你的选择。如果你将"亲密关系"作为最大的目标，为了这个目标而努力，你的生命会更加丰富。如果你将之视为唯一的目标，则会忽略它给你带来的限制、挫败感和局限，你也会忽略独自一人和自给自足带来的好处。一个平衡的视角能让你看到亲密关系和一人独处、工作和玩乐、艺术和科学的方方面面的好处和坏处。它让你探索新的领域，选择从未走过的路，让你自己不是那么眼光偏颇和机械。

　　记住，理性情绪行为疗法认为烦恼在很大程度上就是不容易变通、教条、极端和不理性。折中和平衡会让非黑即白的思维方式增添一些色彩，尤其是亮色！理性情绪行为疗法属于后现代的疗法就在于它不认为

"现实"是无可置疑的，而是会改变的，可以不断解读的过程。它青睐于对人类和宇宙有相对的、客观和临时性的结论。但是当然还是有一些"事实"！

两个极端之间的平衡这种概念可能对你来说不那么容易接受。你也许习惯了一种更加保守、更加正统的生活观念，而这种方式也没有给你造成任何困扰。但是想想它的另一面，它给你造成的限制和局限。试着打开自己的思路，想着绝对主义和极端的后现代主义各有什么样的坏处。是的，这两个极端的坏处！你需要让自己被严格地限制或者没有任何限制吗？或者说你能够思考一下让自己的生活增添一点儿不同的色彩？

理性面对

也许这个世界上真的有魔法。也许你能够很快、很容易地接触到宇宙中某种神奇的力量、某个神灵、这个世界存在的秘密、某些神奇的机构或者超越个人的存在，能让你完全没有烦恼和不幸，让你获得彻底的解脱，并生活在永恒的喜悦中。

但是如果我是你，我不会把希望都放在这上面。不管你相信的是魔法、前世回溯疗法、高于人类的神灵、神秘主义、某种宗教或者其他形式的神奇疗愈方法，不要让它们影响你对自我的帮助。

其实，对于你的情绪和行为上的问题，你几乎不可能会有，也不可能会找到任何一种奇迹式的解决办法。你也不需要。见解谁都可以有。但是改变却很困难！你越依赖魔法，就越不愿意做自己可以做的事情：不顾一切地去改变！所以，你尽可以去相信所谓的神奇力量和能创造奇迹的神灵。但是不要忘了那句古老的谚语："自助者天助之！"

我先前曾经提到过，即使是错误的信念有时候也可以帮到你。相信

"上帝"会应许你的祷告或者将希望寄托在几个世纪前去世的某位圣人或者大师身上，也可能会推动你去获得进步。只是也许！

然而，要减少自己的烦恼，需要艰苦而持续的努力去改变自己，而相信奇迹式的"疗法"通常会妨碍你的这种努力。相信你能够减少自己的烦恼，以及这个信念背后所付出的努力，通常意味着你认为是你自己，而非某种神奇的力量或者神灵能够做到这一点。相信魔法会让你失去改变自己的力量，同时也会削弱你的意志力。

接受挑战

塞翁失马，焉知非福。困难的问题解决起来也许会很有趣。感情破裂也给了你机会去寻找一个不同的，有时候也许是你更喜欢的伴侣。丢了工作也许给了你理由去提高你的职业技能，找到一份更好的工作或者去度个假。

如果能够理性看待，几乎所有困难都是一种挑战，让你去感受一种有益的负面情绪，例如悲伤、后悔、烦恼和不满，这些都能够帮助你应对和改变困境。它给你挑战，让你拒绝去感受一些不健康的、消极的情绪，例如恐慌、抑郁、愤怒、自我厌弃和自怜。

逆境当然不会让人感觉很好。但是它也有一些真正的益处，如果你能够正确看待它！如果你想要变得更好，过得更好，并最终获得精神上的健康，那这正是你应该注意的一点。

第5章曾经提到过意志力，让我们从这个角度来理解挫折。如何才能获得意志力，将给你带来烦恼的想法、感觉和行为连根拔起，并且不让它们再次困扰你？

并不容易！这是一个真正的挑战，你也许需要惊人的意志和力量才能做到。让我们回顾一下曾经就意志力所做的讨论。你可以采取以下几个步骤来接受逆境给你带来的挑战，并且努力让自己不再那么容易感到烦恼。

（1）做出决定，要努力获得轻松地解决自己情绪问题的方法。首先是显著地减少自己的烦恼，然后让自己在将来不再那么容易被烦恼困扰。接受挫折是无法改变的事实，并且主动选择不再因为挫折感到沮丧。

（2）下决心努力将自己的决定付诸实践，不再感到烦恼，并且在将来也不再轻易被烦恼困扰。

（3）获取相关知识（如该做什么，不该做什么）来执行自己的决定。仔细研究本书和其他书、讲义、座谈、课程、工作坊、深度治疗和个人以及团体心理治疗疗程中提供的方法。是的，就是要学习。

（4）将自己的决心和知识付诸实践。努力发现、反驳和改变自己那些不理性的想法，用理性的想法或者有效的新理念取而代之。努力将自己关于挫折的消极负面的感觉（如极度焦虑、抑郁和愤怒）转变成有益的负面感觉（如悲伤、后悔和挫败感）。将那些对自己不利的行为带来的后果（如强迫症和恐惧症）变成有益的行为带来的结果，例如摆脱强迫症和恐惧症，例如灵活性、好奇心和冒险精神。

（5）持续不断地努力，决定改变自己那些会带来烦恼的想法、感觉和行为，下决心去改变，获得如何改变的知识，并且努力实践、实践、再实践这些知识，让改变实实在在地发生。

（6）如果（当然这种情形是很可能会发生的）你故态复萌，陷入了过去那些给你带来烦恼的想法、感觉和行为中去，请再一次决定将自己的烦恼减到最低的程度，复习曾经学过的关于改变的知识，促使自己下决心实践这些知识，强迫自己执行这个决定，并且将自己的决心贯彻到底。不管发现要做到这些有多么的困难吗？是的。

（7）努力实现以下三个目标：①减少自己眼下感到的烦恼。②改变对自己不利的习惯，在社交生活上更加积极。③坚持不懈、坚定不移地朝这两个目标努力，毫不畏惧地努力接受挑战，让自己的烦恼大大减少。（但并不是完全没有！）

有了这种意志，你成功的可能性会很大。如果你赋予自己的意志以决心和行动，那就是力量。

第9章

理性情绪行为疗法

我已经介绍了理性情绪行为疗法的使用方法，运用这些方法能够减少你的烦恼，并且让你不再轻易感到烦恼。在接下来的四章里，我将描述其他一些与思想、感觉和行为有关的技巧。无论何时你在生活中遇到了挫折，都可以运用它们来减少你的烦恼。（是的，甚至是当你自己导致这些挫折发生的时候！）

我将要描述的这些方法是有效疗法中不可或缺的，就像是黄油之于面包，它们也被广泛应用于理性情绪行为疗法和其他流行的疗法中。有无数临床和实验数据证明了这些方法的有效性。我个人也应用这些方法的某些方面长达半个世纪，通常结果也都还不错。然而，它们不见得适用于所有人，也不见得任何时候都有效。有时候，它们有的也可能是有害的。所以，这也许有些自相矛盾，你可以积极地使用这些方法，但也要小心谨慎。

接下来的四章中的自助式治疗方法真的能够帮到你吗？答案是很有可能。那它们会极大地减少你的烦恼吗？有时候。尤其是你能够积极且持久地使用这些方法的时候。然而，我也要指出这些方法的局限性，并且希望能鼓励你尝试一些本书从头到尾都在提倡的更轻松的手段。

再提醒一次！有效的疗法通常都是复杂的。对你有效的方法不见得适用于你的哥哥或者姐姐。今天有用的方法不见得明天仍然起作用。所以你在本书中会发现一整套理性情绪行为疗法，这些疗法经过尝试后被证明是有效的，但只是在某一段时间内对某一些人有效。在本章及下一章中我将介绍几种有用的思考或者认知方法，第11章介绍与情绪有关的技巧，第12章则是行为方法。就这些方法进行思考、尝试，在你自己身上做做试验！

我曾经提到过，理性情绪行为疗法是首个认知行为主义疗法，同时也是一种多模块的疗法。从一开始，理性情绪行为疗法就指出，你的思想、感觉和行为都是相互关联的：当你想起什么重要的事情时，你就会有情绪和行为；当你觉得生气、悲伤或者高兴时，你就有思想和行为；当你开始行动时，你就有思想和感觉。这三者永远都是同时存在又相互影响的，尽管它们并不相同，而且我们在谈到它们的时候也仿佛它们是彼此独立的。

当你感到烦恼的时候，你也有关于你的烦恼的思想、感觉和行为。你观察到了自己的苦恼并且想："这种感觉很让人难受，我该做点什么呢？"当你的感觉是："如果工作没有做好，我会觉得伤心和沮丧。"你会因此而行动："现在我感觉很抑郁，我要去寻求治疗或者吃点药。"

理性情绪行为疗法据此而认为：当你在进行自我贬低的时候，最好研究一下自己的思想、感觉和行为，然后利用一些认知、情绪和行为上的方法来解决或者减少这些问题。

在本章和下一章中，我将介绍一些主要的认知或者思考上的方法，只要你觉得自己在工作、感情和生活方面出现了问题，就可以应用这些方法来帮助自己。即使只使用其中的某一种方法，你也能减轻烦恼，生活得更加轻松。如果同时使用几种疗法，当然会给你更大的帮助，因为它们彼此原理互通，并且能够加强每种疗法的作用。

我们先来看看理性情绪行为疗法中常规使用的认知学方法，其他一些疗法也使用这些方法，这么多年来这些方法都产生了很好的效果，有的甚至已经使用了几百年。

消极的想法

我前面曾经说过，你现在已经可以复习本书的前四章了。当你感到烦恼的时候，很可能会发现，这是因为你有意或无意地出现了一些不理性的或者对自己不利的想法。你将自己的一些正常愿望、目标或者偏好变成了绝对的要求、应该和必须。你和其他人常有的这三种要求通常是：①对自我的要求，"我必须很好，要获得别人的认可，否则我就是一无是处！"②对别人的要求，"其他人百分之百应该而且必须体贴、善良、公平地对待我，否则他们就是大坏蛋！"③对环境的要求，"我的生活条件应该时时刻刻都按我的要求来，否则我的生活就糟透了，这个世界也糟透了，我根本无法忍受！"

假设你有以上一个、两个或者全部的要求，首先要承认你的这些要求并非仅仅是对成功、良好的关系和舒适生活的合理渴望，如果它们没有得到满足，这些不理性的要求就会让你感到烦恼。直面这个事实：你是自己烦恼的根源。生活中确实会发生一些不幸，导致你出现真正的损失和争吵。但是当你将这些不幸看得太严重，就创造了一些你本不会感受到的烦恼。你会这样做并非因为你太傻或者太懒，而是因为只要有了烦恼，你就很可能会像一个傻瓜或者懒汉一样思考、感觉和行事。

反驳消极想法

我在本书的前4章中指出过,因为你的那些不理性想法主要是自己获得或者产生的,所以(万幸的是),你可以改变它们。你本身就很容易、并且天生愿意相信这些想法。其他人又鼓励你相信它们。你无数次地相信了这些想法,并按照这些想法行事。而且,如果它们仍然影响着你,你现在还在相信它们,但是你也有能力不去相信它们。你有打击自我的倾向,但你天生也是一个会自救的人。如果你愿意选择这样去做,如果你努力这样去做,你可以利用自己那些解决问题的能力来赶走自己的烦恼!

因此,复习我在第2~4章中列出的方法,从现实、逻辑和实用的角度来反驳自己那些消极的极端要求。

从现实的角度来反驳: "哪里有证据表明我必须在这个大项目上获得成功?如果失败了,它怎么就能让我成为一个完全没有任何价值的人呢?"

从逻辑的角度来反驳: "因为我对你很好、很公平,怎么就表示你必须同样对我这样好呢?"

从实用的角度来反驳: "如果我总是相信我必须获得每个我喜欢的人的爱和认可,这种想法会给我带来什么?"

不断地发掘自己的那些必须和要求,积极有力地做出反驳,直到你坚定地相信这些想法都站不住脚。一旦你将自己那些愿望变成傲慢的要求,就会产生一些不理性的想法,并且增添苦恼,例如那些把一切挫折夸张化的倾向,那些"我再也忍受不了"的抱怨,对自己和其他人的责备,以及过度以偏概全。你能够很容易发现这些不理性的想法,并且快速、积极地一次次反驳这些想法。例如使用以下方式。

反驳将一切夸张化的想法: "如果一个大项目被我弄砸了确实很不

好，但是这事真的有那么糟糕和可怕吗？是到了百分之百的程度吗？比糟糕还可怕吗？比实际情况更可怕吗？"

反驳我无法忍受的抱怨："我真的无法忍受失去某人的爱吗？这个损失会要了我的命吗？失去这段感情就意味着我再也无法感到快乐了吗？"

反驳对自己和他人的责备："如果我对朋友撒了谎，是不是就让我成了一个彻彻底底该下地狱的坏人？如果我的行为是错误的，我就因此成了一个无药可救、完完全全的坏人了吗？假设我的行为很不好，是不是我这辈子就该再也无法得到快乐了？""如果我犯了一个错误，我就变成了一个满身错误或者失败的人吗？"

反驳过度以偏概全的看法："因为我这次考试失败了，就证明我的其他考试都会失败吗？""尽管这个项目我拖了很长时间，怎么就证明我永远也没法完成它，而且我再也无法快速完成其他项目，或者我就是个失败者了呢？"

反驳自己掩饰失败的借口："假设我声称如果我被某人拒绝了，我一点儿都不在乎，是一件好事吗？假装这个项目的成功其实一点儿都不重要，会帮助我过上快乐的生活吗？"

如果你坚定且持久地挖掘自己那些带来烦恼的想法，并且主动反驳这些想法，并不意味着你的余生就再也没有任何烦恼，也不表示你将永远快乐下去，但至少你会过得好得多！

构建积极心理暗示

理性乐观的自我暗示有时候也叫作积极思考方式，几千年前就已经存在了。在《圣经》的箴言书中，孔子的《论语》中，爱比克泰德所著的《手册》中，以及其他古代著作中都能见到。在现代，心理暗示法的创始人埃米尔·库埃（Emile Coué）特别推崇积极思考方式，他清楚地意识到，如果你告诉自己一些积极的想法，你就能帮助自己克服困难，并且能更有效地处理生活中遇到的各种问题，就像他最有名的那句话："每一天我都变得越来越好了。"近年来，人们推崇的积极思考方式已经和古代的哲学家们或者埃米尔·库埃没有了太多关系，它的主要传播者们变成了诺曼·文森特·皮尔（Norman Vincent Peale）、拿破仑·希尔（Napoleon Hill）、戴尔·卡耐基（Dale Carnegie）、麦克斯威尔·马尔茨（Maxwell Maltz）和其他心理自助书籍的作者。

积极思考有用吗？毫无疑问，但也只是有时候。人们发明了很多标语，有时候的确帮助他们治愈了很多疾病。如果使用一些精心挑选的积极的自我心理暗示，你也可以这样。

但是，也要小心！20世纪20年代最受欢迎的心理治疗专家埃米尔·库埃就是因为他的积极心理暗示过于盲目乐观、不切实际而逐渐淡出人们的视线。有多少人是真的每天都变得好一点呢？很少！谁会像拿破仑·希尔说的那样，只要想象，就真的能变得有钱呢？没有人吧。

不仅如此，如果你只是虔诚地用积极心理暗示自己，很快你就会幻想破灭，进而放弃几乎所有的自助疗法。我的一位50岁的客户西德尼，读过诺曼·文森特·皮尔撰写的所有书，多次参加他在纽约大理石教堂举行的布道，还将身边的很多朋友变成了"上帝"和皮尔牧师的忠实信徒，希望能够通过积极心理暗示治愈自己的疾病。尽管坚定地相信积极心理暗示，他的一些朋友最终却进了精神病院。当西德尼自己也得依靠大剂量的镇静剂才能坚持下去的时候，他对各种形式的心理疗法失去了信心，也反对自己的朋友和家人接受心理治疗。但看过我和志愿者们每周五晚上在纽约阿尔伯特·埃利斯学院举行的理性情绪行为疗法工作坊的合作后，他发现人们可以反驳自己的不理性要求，并形成对自己有效的积极心理暗示。西德尼放弃了对所有心理疗法的反对，开始了理性情绪行为疗法的疗程，并且减少了对药物的依赖。

理性情绪行为疗法关于积极心理暗示的方法和其他积极思考不一样，因为它始于反驳你的不理性想法，然后让你获得有效的新理念，并以此为基础形成积极的心理暗示。例如，假设你遇到了一个挫折，得到的工作绩效评价较差，但你本以为自己会得到比较好的评价。你也许会有下述想法和行为。

挫折：工作评价较差。

理性想法："我讨厌这种评价。太烦人了！我得做点什么能让下次的评价更好一点。"

有益的负面结果：感到遗憾和失望。

不理性想法："我不可以得到这种评价！太可怕了！我干得这么差，真的是一个糟糕的员工和烂人！"

有害的结果：感到焦虑和抑郁。

反驳："为什么我不可以得到这种评价呢？得到差评真的有那么可怕吗？它怎么就让我成了一个糟糕的员工和烂人了呢？"

有效的新理念："显然，没有任何理由表明我不可以得到差评，尽管如果我没有得到差评会好得多。得了差评确实让人觉得难受，但也不是那么糟糕或者可怕。只是挺麻烦的。我肯定不是一个真正很差的员工，因为我一般工作得挺好的。即使我的工作能力不行，也不表示我就是个烂人，只是一个在某个领域暂时能力不够的人，但是我能改变，让自己能力更强。"

如果你用这种方式来思考，并且最终获得了有效的新理念，你可以将这些理念用不同的方式来表示，并以此为基础形成几个积极的心理暗示。例如：

（1）"工作表现得到差评确实挺讨厌的，但是这没有理由表示我为什么不可以得到差评。"

（2）"我的生活中存在着很多令我不快的事情，例如工作表现评价不高，但它们没有一个是可怕的或者糟糕的。"

（3）"某一段时间的表现不好绝不可能就让我变成了一个糟糕的、能力差的员工。"

（4）"工作表现评价差不会就让我变成了一个烂人。工作差的人并不是坏人，他们只是工作做得没有自己想的那么好的人。"

（5）"我不喜欢工作中得到差评，但是我可以接受它，并且让自己生活得愉快。即使被辞退，我的生活也不见得就那么糟糕。"

看看这些说法，你就会发现它们源自你对自己那些不理性想法的反驳。你的有效新理念和理性积极心理暗示不是强制性的。它们并不是来自其他人，而且既切合实际又不盲目乐观。它们是实事求是、符合逻辑的，也对你有一定帮助。它们能够改变你的不理性想法，而不是将这些想法掩盖起来，藏着掖着，避免对其采取一定措施。如果你足够聪明，就不会一边简单模仿这些理性积极心理暗示的说法，一边又对这种说法将信将疑。你会仔细思考，不断向自己证明它们是准确且有用的，因而加深了你对它们的信心。

你还会注意到，前面所列的这些理性积极心理暗示既有一定的哲学性又符合实际。因此第1句、第3句和第4句是实事求是或者实证性的，因为它们指出了一定的社会现实。而第2句、第5句也实事求是，但又超越了事实，具备一定的理论性，能够帮助你更加快乐地生活。

其他一些你能够给予自己的积极心理暗示可能切合实际，但却不具备哲学高度，例如：

（1）"当我得到差评的时候，我觉得自己的工作表现简直是无可救药的糟糕，而且以后也不可能进步了。但是现在仔细想想，我很肯定我以后能干得更好。"

（2）"我的主管对我的工作表现做出差评的时候，我以为她对我有偏见。但是现在我觉得不太可能，可能我真的表现得比自己以为的要差。

如果我迫使自己做出改变，我肯定能做得更好。"

这些实事求是的自我暗示可能是准确的，也有一定的帮助，但它们掩盖了两大消极的思想。如果你告诉自己这份工作将来能干好，你也许还是没有直面并且改变你的那些不理性想法。例如，"如果我再也没法进步，我毫无疑问是个一无是处、没有能力的人！"

要是告诉自己，你的主管对你有偏见，你真的比她以为的干得更好，你应该获得更好的评价，你可能暂时会感觉好过一点儿。但是你仍然会想：第一，如果你的主管对你没有偏见，你真的表现很糟糕，你就是个能力很差的人；第二，你也许会下结论，如果她对你有偏见，她就是个糟糕的评价者，因此也不是个好人。不管是哪种想法，你的积极心理暗示暂时会让你感到舒服一点儿，但不是不会改变你心底里那些自我贬低式的想法，当你表现不好的时候，你会责备自己，而如果周围的人对你不好，你会咒骂他们。

我要再强调一次，不要再重蹈很多埃米尔·库埃的追随者的覆辙。他们盲目相信"每一天我都会变得越来越好"。一些给自己的过分乐观的暗示，例如：

- "是的，我猜这次的工作表现评价的确显示这次我干得很差。但是我只是没有全力以赴，拿出自己最好的能力，下次我一定会使出来。我确定我会成为公司有史以来最棒的员工，我一定会做到！"

- "我猜这次工作表现评价很差显示出我过于自信了，尽管我干得就是比较好。但是显然我的能力超过了部门里的其他人，而且我确信下次我一定会让主管看看我有多棒！"

- "是的，我这次没干好。但是这是因为这份工作根本无法发挥出我的水平。我应该干复杂得多的工作，就像成本分析或者甚至是脑科手术之类的。我不干了！我要去读研究生，然后我就会成为最好的成本分析家或者脑科大夫。我要让他们看看我的能耐！"

这些不切实际、自大和盲目乐观的想法也许会让你感觉好受点，走出抑郁，也许会让你取得比现在更高的成就。但是，我要再说一次，这样的暗示会掩盖你心里那些真实的消极想法，这些想法要求你必须干得好，必须证明你是一个好人，必须获得其他人更多的赞许，必须轻松地得到你想要得到的一切。所以一定要反驳你的那些不理性想法，产生一些有效的新理念，将它们变成理性的积极心理暗示，但是你还是要回顾这些想法，来检视它们对你有过多大帮助，又有多大危害。积极的心理暗示（例如，"我能够做得更好。我相信我能做到！"）非常乐观，有时候也是有效的，但是它们也有不少缺陷和危害。

积极想象

几位古代思想家和现代的心理学家埃米尔·库埃都曾清晰地看到，如果你使用积极的想象，能够帮助自己表现得更好，并且对自己的表现也感觉很好。心理学的实验也证明了这个理论。如果人们想象他们打网球打得很好或者在公众面前流利地演讲，他们在想象中看到的画面通常能够帮助他们在实际做这件事的时候表现得一样的好。你可以自己试验一下试试看。

例如，如果你害怕自己工作面试的时候表现不好，想象你正在进行一个很难的面试，你圆满地回答了问题，给面试者留下了深刻印象，大获好评。如果你生动地、不停地想象自己表现得这么好，就会产生一种自我效能，即感觉自己能掌控整个局面的能力。你不会想着："我真的没法成功，我就是不擅长参加面试。"（诸如此类让你觉得自己没有能力的想法）。而是开始告诉自己："这个面试虽然很难，但是我能做好。我觉得我已经具备了成功的条件！"你会获得理性情绪行为疗法所说的"成功的信心"。有了这种信心，就像阿尔伯特·班杜拉（Abert Bandura）和他的学生多次所做的实验所证明的那样，遇到艰巨任务的时候你会表现得比没有信心或者自我怀疑的时候好得多。

　　在头脑里模拟某个行为（例如，工作面试、演讲、挥动高尔夫球杆），有时候很接近于实际练习。例如，在脑子里将一篇演讲稿过一遍可能会给你一些很棒的想法，想出一些精彩的句子，帮你完善你的观点，如果不这么过一遍，可能就不会有这样的效果了。

　　但积极想象的一个缺点是它可能不会改变你对失败的害怕，或者有时候还让你更加害怕。假设，如果你对和女生约会感到很焦虑。你的焦虑通常来自于你的不理性想法，例如，"这次见面我必须表现得很好。我一定要给她留下好印象，让她觉得我是她见过的最擅长跟别人打交道的人。如果我丢脸了，让她觉得我是个笨蛋，那就太糟糕了。如果这件事真的发生了，我宁愿去死！"

　　由于下了这么大的决心要给别人留下深刻印象，你不停地想象自己跟对方交谈、妙语连珠、俏皮话不断，给她留下了很好的印象。你甚至想象事后偶然听到她告诉别人你是一个多么聪明、多么棒的人。所有这种积极想象让你感觉很好，是因为它们巩固了你的想法："说实话，我跟别人打交道的时候真的是能够游刃有余。我肯定我真的可以。所以，我很愿意和别人打交道，并且把自己最好的一面表现出来。"

　　能做到这样当然很好。有了这样的想法，你可能会愿意跟别人打交道，并且表现得很好。然而，在内心深处（而且通常外在表现上）你还是很焦虑。没错，你是在跟别人打交道，但是你可能还是有以前那个想法：你必须表现得很好，如果你没有，那就很糟糕，如果你被人当作一个"呆头呆脑的人"，你就去死。事实上，你的那些自己表现得很好的自我想象，例如妙语连珠，给对方留下良好印象，却更加强迫你要求自己变得很好，获得对方的赞许。

不仅如此，即使你的积极想象帮你开始跟别人交往，却无法阻止你心里想着"我现在跟别人打交道的时候确实表现得不错。但是如果我以后出错了怎么办？如果我没有俏皮话可讲，死气沉沉的怎么办？如果这个人现在觉得我挺好的，以后却发现我是个废物怎么办？如果她发现真正的我是多么蠢笨然后开始瞧不起我怎么办？那该有多糟糕！到时候我得找个地洞钻进去再也不出来了！"

所以，即使积极想象暂时让你感觉良好，但这几乎是转瞬即逝，也根本无法改变你的本来面目，只会让你和从前一样焦虑。因为它只是掩盖了你的恐惧，并没有真正改变你内心深处消极的想法。

因此，如果愿意，你可以使用积极想象和乐观思维。但是记住，它们可能会让你否认问题的存在，而不是解决问题。所以，你要仔细发现那些迫使自己获得成功、赢得别人的赞许的不理性想法，然后对它们进行反驳。找到这些想法，对它们进行激烈的反驳，然后将这些想法统统扔掉。之后你的积极想象才会真正起作用，并且不会给你带来反作用！

使用优缺点或者成本－效益分析

优缺点是理性情绪行为疗法使用的一个术语，指某个行为的优点和缺点，而不是只从一个角度看问题。只从一个角度看问题会让你深陷其中，不可自拔。此时，当你违背了自己的初衷，不断沉溺于某个你"明知"对自己有害的行为时，你会只耽于其中对你有利的一面，而忽略对你有害的一面。你可能会告诉自己，"要改变太难了！"或者"我没法改变！"

假设，"明知"喝酒、抽烟或者赌博对你"有害"，你不断向自己保证你会戒掉，但是你没有这样做，仍然沉溺其中。为什么你会表现得这么愚蠢，这么伤害自己呢？因为当你沉溺于这些对你有害的行为中的时候，你会只专注于获得的快感，而忽略了它给你带来的伤害。换句话说，你只看到了喝酒、抽烟或者赌博给你带来的好处，即它们给你带来的快乐；拒绝去想它们的坏处，例如健康问题、失去朋友以及其他危害。

如果是这样，你最好开始平衡一下自己对某种行为的看法，或者进行成本－效益分析。开始发掘你的沉溺行为的真正危害。坐下来花一段时间，例如一星期或者两星期，将自己的这个沉溺行为的明显害处列一个单子。写下如果这种行为继续下去，会给你带来哪些危害，越多越好。

例如，如果你赌博成瘾无法自拔，写下赌博的所有危害：你花在赌博上的时间，你赌输的钱，因此而远离的家人、朋友和其他人，以及赌博的其他害处。

将这些危害写下来，每天至少花 10 分钟的时间想想这些危害对你的影响。尤其要好好想想这些危害，而不是愚蠢地被它们转移了注意力。花时间，也许是每天三五分钟来提醒自己这些危害。一遍遍地循环往复，直到你将它们记住，深深地刻印在脑子里。

同时，提醒自己记住不赌博的好处：你节省的时间和金钱，你会活得更长，你证明了自己能恪守戒律，你的朋友和亲戚给你带来的欢乐和益处，你给孩子们树立的好榜样……

花时间好好记下如果放弃你不愿意有的坏习惯带来的好处，以及你留着这些坏习惯带来的坏处。积极思考你所列下的两张单子上的所有优缺点，并不仅仅是把它们背下来或者轻轻松松地过一遍，而是想想那些你知道的有这些坏习惯的人，他们是如何遭受这些坏习惯折磨的。和其他人讨论这些缺点，让你的清单越来越长，把一开始没想到的都加进来。每天不断提醒自己你的沉溺行为带来的害处。看看为了逃避或者否认这些坏习惯的存在，你都对自己说了什么。如果有任何不理性的想法使你继续沉溺于这些不良习惯，积极反驳这些想法。使用第12章介绍的一些行为方式。

罗伯特是一个赌博成性的人。他可不是偶尔去亚特兰大的赌场赌几把，而是一年去好几次，每次都耗费一个周末的时间，并且输掉好几千美元，而这已经超出了他的经济能力。即使当他赢了几千美元的时候，他也会因为过分相信自己的好运或者技巧而无一例外地都输掉。每次一想到可能会大赚一笔他都会异常兴奋，完全无法理性地思考，结果总是在玩21点或者扑克牌的时候大失水准，输得一塌糊涂。

罗伯特使用积极反驳自己不理性想法的方法试图让自己远离赌城。他一般都能成功，但是接着他就故态复萌，想着："作为审计师的生活太无聊了，所以我需要一点儿刺激。即使有时候一个周末就输掉好大一笔钱，但我又没有其他花钱的嗜好，比如说收集古董，所以我还是输得起的。再说了，我的家庭也并没有因为我赌博输钱而受太大的影响。"

一开始，罗伯特不愿意从正反两个方面来看待赌博这件事，因为他知道这会让他无法享受"真正需要"的乐趣了，而这个乐趣才让他觉得没有白活一场。当他真正开始列举赌博的优缺点时，他也避开了赌博最主要的坏处；即使后来把赌博的主要危害都列举了出来，他也只是偶尔稍微看一下。最后，他同意，如果不把赌博的所有危害都列出来，他就得受到不准去亚特兰大城的惩罚。结果这些危害只有一条让他印象非常深刻：每次他去赌博并且输了一大笔钱后，他的妻子就会非常生气并且在之后的几周里都拒绝与他同床共枕。在列举这个清单的时候，他非常在意这一点。

让他吃惊的是，他发现自己在意的并不是不能与妻子同床共枕，因为他也五十几了，不再像35岁刚结婚的时候那样生龙活虎了。但是他发现，对于自己的赌博，妻子其实是非常愤怒的，她对他的语气会非常差，平时的嘘寒问暖早就不见了踪影，而且他也才发现自己的两个孩子也是站在妈妈这一边，觉得她的愤怒实在是情有可原。他这才发现赌博已经让他的家庭充满了愤怒，他终于强迫自己不再去亚特兰大城。不仅如此，他还组织了一个两周一次的赌注很小的扑克牌比赛，参加的都是他的朋友，借此控制自己的赌瘾，并且这些比赛下来他也多半是不赢不输，总算让收支取得了平衡。

理性情绪行为疗法

有效的疗法通常会告诉人们在两个疗程之间应该做什么，而不仅仅是在接受个人或者集体治疗的时候应该怎么做。在我的客户接受前几个疗程的治疗的时候，我通常会告诉他们："将自己在这一周内任何不好的感觉和行为都记录下来，例如感觉焦虑和抑郁，或者不愿意去做你真正喜欢做的事情。注意在这些情绪或者行为之前你遇到的挫折。你现在有了挫折（A）和结果（C，即你的烦恼）。然后假设你也有引起那些烦恼的不理性的想法（IB）。将这些不理性的想法找出来，通常它们肯定会包括一些不理性的要求和必须。然后积极地反驳（D）这些想法直到你有了有效的新理念（E）。"我的客户通常都能够很轻松地做到，很快他们就意识到了与自己烦恼有关的所有 ABCDE。

你也可以如法炮制，不管你是不是在接受心理治疗。首先，检查一下自己的感觉和行为，看看有哪些消极的感觉和行为。然后观察在 A 点，即在烦恼出现前发生了什么让你觉得有挫败感的事情。找到自己的不理性想法，有力地进行反驳，之后获得自己的有效新理念。积极地和朋友或者家人讨论这些 ABCDE，尤其是如果他们对于理性情绪行为疗法有所了解。但是即使他们对此一无所知，你也可以向他们介绍理性情绪行为疗法的一些主要组成部分，所以他们能够帮助你解决你的问题或者帮助他们自己。

为了帮助你找到理性情绪行为疗法中的 ABC，反驳（D）你的不理性想法然后获得有效的新理念（E）。温蒂·德莱顿（Windy Dryden）、简·沃克（Jane Walker）和我设计了理性情绪行为疗法自助分析表格，你可以经常使用。用过一段时间之后，你就会记住它，并且在自己脑子里完成这个表格。

然而，你会经常发现，把这些 ABCDE 记录下来是很有用的，这样你以后就可以检查并且回顾。如果你长期这么做，当你重复出现某些情绪和烦恼的时候，通过检查之前记录的表格，能很快发现之前你是如何反驳自己那些不理性的想法，又是如何获得有效的新理念的，你的烦恼很快就会无影无踪了。

理性情绪行为疗法教学资料

我在前几章曾经提到过，我刚开始在长期客户和公众中使用理性情绪行为疗法时，就已经意识到人们可以使用一些文字、录音和其他形式的教育资料来帮助他们的治疗，以及进行自助治疗。这是因为理性情绪行为疗法本身就具有一定的教育性，无论你是否处于治疗过程中。它的原则可以得到清晰的解释，正如我在本书中解释的一样，如果人们想要使用这些疗法，它们可以被大多数人所使用。依此类推，那些了解了理性情绪行为疗法原则的人也可以将其介绍给还不了解它们的人，这也是下面我将涉及的部分。

目前已经出版的大量指导手册、小册子和书籍都清晰、有效地解释了什么是理性情绪行为疗法。在纽约阿尔伯特·埃利斯学院的临床心理诊所，我们会在第一个疗程中给客户一系列学院出版的指导手册并推荐他们阅读。这些手册包括《受到困扰的夫妻关系的实质》（*The Nature of Disturbed Marital Interaction*）、《理性情绪行为疗法使你不再自傲》

理性情绪行为疗法自助分析表格

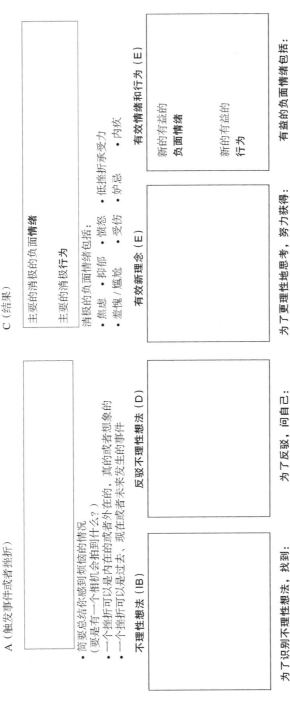

A（触发事件或者挫折）

简要总结你感到烦恼的情况
（要是有一个相机会拍到什么？）
• 一个挫折可以是内在的或者外在的，真的或者想象的
• 一个挫折可以是过去、现在或者未来发生的事件

不理性想法（IB）

为了识别不理性想法，找到：
• 绝对的要求
（必须、一定、应该……）
• 夸大
（……是糟糕的、可怕的、恐怖的）
• 低挫折承受力
（我无法忍受）
• 对自我/他人的评判
（我/他/她是坏人、一无是处）

反驳不理性想法（D）

为了反驳，问自己：
• 有这种想法会给我带来什么？
• 有帮助还是带来苦处？
• 有什么证据支持我这些不理性的想法？符合社会现实吗？
• 我的想法符合逻辑吗？是源于我的愿望吗？
• 真的（如最糟糕的情况）那么糟糕吗？
• 我真的无法忍受吗？

C（结果）

主要的消极的负面情绪

主要的消极行为

消极的负面情绪包括：
• 焦虑　• 抑郁　• 愤怒　• 低挫折承受力
• 羞愧/尴尬　• 受伤　• 妒忌　• 炉忌　• 内疚

有效新理念（E）

为了更理性地思考，努力获得：
• 非绝对要求式的愿望（希望、想要、愿望）
• 评估事件的可怕程度（是不好的、不幸的）
• 高挫折承受力
• 不对自己或者别人简而论之（我和其他人都是会犯错的人类）

有效情绪和行为（E）

新的有益的负面情绪

新的有益的行为

有益的负面情绪包括：
• 失望　• 关心　• 恼火　• 悲伤　• 后悔　• 挫败感

资料来源：Windy Dryden & Jane Walker 1992. Revised by Albert Ellis, 1996.

（*REBT Diminishes Much of The Human Ego*）和《获得自我价值的实现》
（*Achieving Self-Actualization*）。

我们还推荐参加治疗的客户阅读面向公众出版的一些主要的理性
情绪行为疗法和认知行为疗法的书籍，例如我所著的《理性情绪》[⊖]
（*How to Stubbornly Refuse to Make Yourself Miserable About Anything—
Yes Anything!*），《理性生活指南》《个人快乐指南》（*A Guide to Personal
Happiness*）。我们常推荐的其他书籍包括：保罗·霍克（Paul Hauck）
写的《向自我评判说不》（*Overcoming the Rating Game*），我自己写的
《克服拖延症》（*Overcoming Procrastination*）、《控制愤怒》[⊖]（*How To
Control Your Anger Before It Control You*）、《阿尔伯特·埃利斯读物》（*The
Albert Ellis Reader*）和《如何优雅地老去》（*Optimal Aging: Over Getting
Older*）。这些都只是一小部分你可以使用的理性情绪行为疗法读物和书
籍。在本书最后的参考资料部分还列举了一些其他书目和影音资料，以
及能从阿尔伯特·埃利斯学院获得的其他资料。学院的地址是：45 East
65th Street，New York，NY 10021-6593，电话：（212）5350822，传真：
（212）2493582。学院的免费宣传资料也包括了一系列学院最近举行的
关于理性情绪行为疗法的最新讲座和工作坊。

大多数人觉得这些资料，以及关于理性情绪行为疗法和认知行为疗
法的讲座和工作坊很有用。尤其是我的客户，一旦接受过几个疗程的理
性情绪行为疗法后，他们会发现回顾这些书籍和影音资料能帮助他们注
意到自己忽略了的一些方法，以及可能从来没有使用过的方法。即使没
有接受任何理性情绪行为疗法的治疗，你也会发现这些资料相当有用。

⊖⊖　均已由机械工业出版社出版。

向他人介绍理性情绪行为疗法

我在客户中使用理性情绪行为疗法不久之后，发现有些人开始向自己的朋友、亲人和生意伙伴介绍这种疗法。我之前曾提到过，只要他们自己充分理解了这种疗法，要介绍它就一点儿都不难。而且经他们介绍而接触到理性情绪行为疗法的人立即开始受益。还有一些人一开始有些抗拒，但是当他们发现这种疗法确实对我的客户起了作用的时候，转而自己也开始使用这种疗法。

我的客户越向其他人介绍理性情绪行为疗法，自己就越受益。这就像著名的教育家约翰·杜威（John Dewey）在一个世纪前指出的那样：通过将某种知识传授给别人，我们的学习效果更好。这个原则尤其适用于理性情绪行为疗法。当你不断地告诉别人，他们一直在错误地以为是生活中遇到的挫折让他们感到烦恼。但其实是他们有意或者无意地令自己感到烦恼，这个时候你就会将这个事实深深地印入自己的脑海。当你在教别人如何发现自己的不理性想法并对此进行反驳的时候，你就会更清醒地意识到自己脑中存在的不理性想法，并且通过反驳它们来改变这些想法。

这是 1959 年我开始进行理性情绪行为疗法集体治疗的主要原因之一。我发现在集体之中，我的客户能更容易地看到其他成员的不理性想法并且反驳它们。不仅如此，我还能监督他们的合作，指出他们正确或者错误地观察到的不理性想法，并且亲自示范如何更好地反驳自己的那些想法。积极参加集体治疗的人学会了如何更成功地发现和反驳自己的不理性想法。成员们也对理性情绪行为疗法有了更全面的了解，因为他们会看到其他成员在和自己也有的同样的问题做斗争，并且看到其他人的不理性想法与自己的想法如何吻合。他们学会了其他人反驳不理性想法的方法，并且拿来用在自己身上，这可是非常有效的示范！

如果你是与自己的朋友一起学习了解理性情绪行为疗法，这也很好。但是即使不是跟自己的朋友一起，你也可以向任何一个愿意敞开心扉谈论自身问题的人介绍理性情绪行为疗法。一旦你开始向一个人介绍理性情绪行为疗法，他就会在你身上使用这种疗法，帮助你找到你自己的不理性想法并且反驳它们，然后你们俩都会发现你们能够多么娴熟地使用理性情绪行为疗法了。

罗莎莉两年前和罗纳德分手了，并因此而严重抑郁，有时候甚至会想到以自杀来结束自己的痛苦。对她进行了8周的治疗后，她意识到令自己感到痛苦的不仅是感情的破裂，还有她对自己的责备，因为她总是对罗纳德发脾气。她觉得永远无法克服自己身上那种动不动发孩子脾气的毛病了，也不可能跟任何人有很好的感情了，所以她就是一个没人爱的、一无是处的人。

在接受理性情绪行为疗法治疗的过程中，通过阅读这方面的书籍和听相关的视听资料，罗莎莉意识到她之所以会发脾气，是因为她有一种孩子气的要求，觉得每个人都不能违背她的要求，尤其是那些她爱的人。如果他们违背了她的意愿，就是"不知道感恩的混蛋"。她还曾要求对方时时刻刻表达对她的爱，现在她也发现了这个要求是不现实和没有逻辑的。这种表达之所以是"必要的"，只是因为这是她自己的定义。

罗莎莉发现自己对挫折的承受能力很低，又有非常严重的自卑感，这些并非源自她无法获得别人的爱，而是她对自己和所爱的人的无理要求。她努力让自己只是有着强烈的愿望，而放弃对别人的爱的强制要求。随着这个转变，她终于不再感到抑郁，又开始和男生约会，这可是在她来接受治疗之前已经完全放弃了的事情。

罗莎莉和一些女性朋友讨论自己的问题，并且告诉她们她是如何通过理性情绪行为疗法解决了这些问题，此时她才发现，几乎她所有的朋友都被同样的问题困扰着。在那些对爱和被爱的正常渴望之外，她们也时常不由自主地认为对方应该满足自己的要求。她们这种对爱的索取经常会把对方吓跑；即使她们的感情生活非常稳定，也会焦虑地想着，"我必须一直被爱，否则我就是一个没人爱的、一无是处的人！"

在帮助朋友们发现她们的问题的同时，罗莎莉清楚地意识到了自己的错误，和她一样，她们也是把自己正常的渴望变成了极端的要求，从而极大地打击了自己。有些朋友在她的帮助下，通过阅读理性情绪行为疗法的相关书籍，获得了很大的进步。其中一个女生不再折磨自己的男朋友，就像罗莎莉曾经折磨罗纳德一样，而是开始巩固这段她已经严重破坏的关系。另一个朋友则在保持感情的同时不再因为男友忙于工作、忽略了她而焦虑不已。可以说，罗莎莉的朋友们极大地受益于她所介绍的理性情绪行为疗法，她自己对于这种疗法的理解也更加深刻。这样的案例通常都会有一个皆大欢喜的结果——罗莎莉发现她很喜欢利用理性情绪行为疗法帮助其他人，并决定去攻读研究生，成为一名临床医疗社会工作者。

模仿

阿尔伯特·班杜拉和其他心理学家已经证明，儿童和成年人能够通过模仿他人进行学习，但你那些消极的要求也可能就是对亲人和朋友的一种模仿。你的家人、你的老师、你所处的文化、大众传媒，这些都在向你展示如何责备自己，与他人争吵，哀叹自己的不幸，如何让自己感到烦恼。当然，你自己在这一方面也有无师自通的本事。只消了解其中的规律，你很容易就自己发明一些疯狂的、不理性的要求，并且觉得这些要求必须得到满足。你还是一个很容易受到暗示、很好骗的人，和其他人一样，你可以毫不费力地模仿其他人，不管是在好的方面，还是坏的方面。

就拿苏茜做个例子。她天生就很会模仿别人，后天的养育更是把她塑造成了这样。只要流行风向一变，她就要跟着变，只追随最新的潮流。她模仿社会上最受欢迎的人物的发型、化妆，还有他们使用的香水。苏茜住在社会氛围相对保守的长岛，她没有自己的行为准则，只是模仿她在学校和社区里最崇拜的人。更糟糕的是，她已经完全丧失了自己的个性，坚持认为自己的做法是对的，并且觉得自己的行为准则一定要与大众一致，否则就是个被孤立的可怜虫。

苏茜来找我进行治疗，是因为她处于习惯性的焦虑中。只要她打破了一条所谓"对"的社会准则，或者是其他人认为她打破了某条社会准则，她就会感到极度的焦虑。所以，你可以猜得到，只要别人发现了她的焦虑，她就会更加焦虑。

我在苏茜身上使用了理性情绪行为疗法常用的几种方法，尤其是发现并且反驳自己的不理性的想法："不符合社会准则的行为是可怕的，绝不会得到原谅，所以应该不计一切代价避免！""如果我显得标新立异、与众不同，那些好人就会鄙视我，而且他们这么做是对的：我是个跟社会格格不入的人，也是最底层的渣滓！"

因为之前曾接受过长达5年的心理治疗而没有起作用，所以一开始苏茜反抗得非常激烈，但最后她终于接受了。在接受了为期几个月的理性情绪行为疗法的治疗后，她变得比以前独立了，不再对身边最保守的那些长者唯唯诺诺。她开始按照自己的品位穿衣和打扮，不再为了合群去喝最受欢迎的饮料，甚至积极地向身边那些保守的朋友介绍一些比较激进的文学作品。她还交到了几个来自曼哈顿的、不那么保守的朋友，并且远离了几个她并不喜欢的、总是死气沉沉的"一看就是长岛长大的"的朋友。

苏茜的焦虑显著地减少了，尤其不再害怕将自己的焦虑表现出来。她仍然和家人保持着最密切的联系，尽管她不太好意思告诉自己那些观

念陈腐的亲戚，自己偶尔会出去约会，并且有不止一个男朋友。她假装
只有一个固定的男朋友，只带这一个人定期去参加家庭聚会，对于自己
还有另一个男朋友的事秘而不宣，因为这个男人非常离经叛道，在她的
亲戚眼里，绝不会是一个"适合结婚"的人。

尽管已经不再因为自己的"恶劣"的行径而责骂自己，但苏茜对于
自己的隐瞒感到很不舒服。为了摆脱这种不安，她又进行了理性情绪行
为疗法中几个消除羞耻感的练习，她将自己某些"不合时宜"的行为告
诉了家里人。例如，她努力让自己毫无愧疚地告诉他们，自己已经不再
去教堂，而是参加了一个佛教团体。

此时苏茜已经不太在乎家里人的反对，她又读了几本佛学相关书籍，
还读了基督徒中比较离经叛道的作家亨利·戴维·梭罗（Henry David
Thoreau）和布朗森·奥尔科特（Bronson Alcott）的作品，他们都曾勇敢
地打破了一些陈规陋习。通过模仿这些冒天下之大不韪的人，苏茜进一
步走出了家人对她的限制，活得更像她自己。她最后终于告诉了家里人
和其他人，她不止有一个男朋友，并对此感到完全释然。更让她骄傲的
是，她成功地说服了几个年纪最大、最保守的女性朋友尝试过一种更大
胆的感情生活。

当然，我不是劝你像苏茜和她几个朋友那样过一种离经叛道的生活。
你尽可以自由地过自己想过的生活，不论是保守的还是大胆的。但是如
果你真的想做一些与众不同的事情，不论是在哪一个方向，你都能在现
实生活和名人传记中发现一些惊世骇俗、大胆地走自己想走的道路的人。
你可以向这些人学习，"毫无愧色"地过自己想过的生活。

避免以偏概全

1933 年，阿尔弗雷德·柯日布斯基在他那本不同寻常的《科学和健

全精神》一书中指出，我们人类是一种独特的、制造语言的动物，这一点其他作家也同样提出过。不使用语言，包括自我暗示，我们无法进行思考，对我们的思考进行思考，以及思考我们对自己的思考进行的思考。

语言从很多方面都给人类带来了好处，但并不是所有方面。我们有发明并不断修正语言的能力，但这也带来了一定的危险。柯日布斯基就指出，我们在和自己以及其他人交谈的时候，很容易犯下以偏概全的毛病。因此，我们常常先是准确地注意到了："这么重要的考试我都不复习，这个行为太愚蠢了。"然后我们就会以偏概全地用"是"字下结论："所以我就是一个傻瓜！"我们还可能更进一步地想："由于我的愚蠢行为，所以我现在是一个傻瓜，这让我成了一个糟糕透顶、一无是处的人，我总是行为恶劣，根本就不配得到快乐。"

如果仔细看看这些说法，你会发现你经常这样对自己和对他人这么说，显而易见，这些说法并不准确。你的行为愚蠢，这点倒是没错，因为你的目标是考试及格，如果你好好学习，肯定能及格。但是你却没有学习，所以没有达成目标。当你的行为与你的利益相悖时，你说自己"行为太愚蠢了"是合理的。这能够让你注意到自己的行为，并且保证下次考试时会有好的表现。

不仅如此，从理性情绪行为疗法的角度来说，如果只是注意到了关于考试这件事上你的行为是愚蠢的，你很可能会下结论说因为你的行为恶劣，下次一定不会再重复。你会让自己对这个行为感到遗憾和失望，你的负面情绪将是健康或者有益的。如果你对自己的糟糕行为感到快乐或者无动于衷，那么你很有可能会重复这一行为；而如果你对此感到遗憾和失望的时候，你在将来会避免这一行为。

那"由于我的愚蠢行为，没有为了考试好好学习，所以我是一个傻瓜"这个说法呢？显然，这个说法是不正确的，因为"我是一个傻瓜"的结论意味着你只是并且一直，或者至少大部分时间行为很愚蠢。事实上，可能你的很多事情，也许是大部分事情都做得很好，一点儿也不愚蠢，所以你在错误地以偏概全，你是柯日布斯基所说的粗暴定义行为的牺牲品。因为你的说法，即"我是一个傻瓜"在某些方面将你的愚蠢行为等同于你、你的存在、你的人生。太荒谬了！除了参加考试，你还做了几千件其他的事；即使是考试，你有的时候也会好好准备、考得很好；或者就像这一次，你有时候没有准备，所以没考好。所以，很显然，你绝非一个"愚蠢地参加考试者"，你也肯定不是一个"傻瓜"。

那你是什么样的呢？这本身就是个愚蠢的问题，因为你做了很多不同的事情，其中任何一件都不是你。如果非要说的话，你就是一个表现时好时坏的人；这次可能表现糟糕或者愚蠢；下次表现得不一样而且很好。除非你一生只做一件事，并且每次做这件事的方式都一模一样，否则你永远都不能把自己和自己做的那件事等同起来。是的，你只是做某件事而已；因为你有选择或者个人意志，可以说你对自己做了或者没做的事情负有责任。但是你每天做出很多行为，无法因为其中任何一个行为而被粗暴地贴上好的或者坏的标签。即使其中某个行为你总是做得不好，也不能就被准确地定义为一个坏人。心理学家史蒂文·尼尔森（Stevan Nielsen）在谈到人际交流这一题目时曾指出，当你将自己定义为一个坏人时，你就粗暴地定义了一个行为正确的人应该是什么样子。你武断地自己定义了人性，完全是为所欲为。

所以当你说"我是这个"或者"我是那个"时，你有能力用"是"这个词或者任何一个类似的词来定义自己或者自己的人生，但是这个能力要小心使用。你最好时时刻刻警惕自己对这个说法的使用，尽量少用。大卫·博兰（David Bourland Jr.）是国际通用语义协会（一个以柯日布斯基的理论为指导建立的组织）领导成员之一，他设计了一种叫作 E-prime 的语言，这种语言避免使用"是"这个动词，也就不太会导致我们前面所说的以偏概全，出现单纯用"是"字来定义自己的现象。使用 E-prime

语言不会将你所有关于自己和别人的扭曲看法变成实事求是的说法，但有时还是有用的。

再回到绝对要求这个话题上。前面提到了，当你说"在考试这件事上我的行为太愚蠢了"，你一般会觉得遗憾和失望，这些有益的负面情绪会帮助你在将来纠正自己的行为。但是当你加上一句，"所以我就是个傻瓜"或者"由于我的愚蠢行为，我现在是一个糟糕透顶的人，我就是一个傻瓜"，你就将对自己有帮助的行为变成了绝对的要求。"我是个傻瓜"的说法意味着"蠢"就是你的标签，你总是行为愚蠢。如果你真的相信了这句话，你的结局会很惨！因为如果是这样，你会将自己避免下次愚蠢行为的愿望变成必须达成的要求："因为愚蠢的行为让我成为一个蠢人，也会让我一直愚蠢下去。我不可以这样！如果我这样就太可怕了！愚蠢的行为会让我变成一个讨厌的、什么都不配得到的人！"

现在你会得到什么？什么也得不到！你对自己将一直愚蠢下去的预测很可能成为一个自动实现的预言，并且让你真的做出愚蠢的行为。你还暗示自己说你无法不愚蠢，所以你会放弃任何让自己不愚蠢的努力。你还会暗示自己说其他人也会将你看作一个傻瓜，会瞧不起你，也不会给你机会让你表现得更好，有些冷眼旁观的人甚至会故意破坏你想要变好的努力。你还可能告诉自己，如果你认为命运和宇宙对你是不是个傻瓜这个命题很感兴趣的话，你将注定成为一个不值得一提的小丑，你将注定无法成功、表现良好，命运甚至会惩罚你，不给你任何机会表现得稍微好一点儿，你的余生将悲惨度过。

看你把自己的生活弄得这么糟！

当然，这些悲惨结局不一定是来自于给自己错误地贴上"好人"或者"坏人"的标签。但是也可能就是！所以一定要小心：给自己定下重要的目标，然后尽最大的努力实现这些目标，但主要是因为你很想，而不是一定要。当你没能达到这些目标的时候，甚至你的失败是因为你没有按照正确的程序去做的时候，例如考前好好复习，也只需将自己的行为定义为不好的、愚蠢的或者没有效果的。不要愚蠢地给自己贴标签！不要简单地将自己和自己的人生定义为不好的。一定要知道，你和所有人一样都是会犯错误的。

不要将自己整个定义为"好的"或者"废物"。将自己定义为好人或者优秀的人与将自己定义为坏人或者废物相比，可能会带来比较好的结果，但是这两种标签都不准确。因此，就像乔治·凯利和其他人已经证明过的那样，人类喜欢用非黑即白的方式来划分一切，每当你想到什么事情是好的，自然而然就会想到什么是坏的。当你觉得自己是一个好人的时候，也就意味着你相信自己也可能会成为一个坏人。这太危险了！

利用理性情绪行为疗法来看待自己的人生：只是评价、衡量自己的想法、感觉和行为是否达到了你的目标和目的；不要评判你的性格、你的人生、你的本质或者你整个人。小心自己所用的语言，尤其是那些以偏概全的语言。观察，并且警惕这些对自己的暗示：

- "因为我这次失败了，也许这几次都是失败了，所以以后我会一直失败。"
- "因为我在这个重要的任务中失败了，所以我就是个不折不扣的失败者。"
- "因为我本来可以做得更好，而我却没能做到那么好，所以我不仅应该为自己的糟糕行为负责，而且也是一个糟糕的、没有能力的废物。"
- "因为其他人对我不好，所以我对他们充满了愤怒。"
- "因为我生存的这个世界有很多不幸和可怕的事情发生，所以这真是个糟透了的世界。"

　　这些类似的标签和以偏概全的说法不一定会一直给你带来烦恼。但它们通常会给你带来不必要的麻烦，还有其他人也是，他们会讨厌你因为他们的不良行为而给他们贴上的标签。贴标签和以偏概全不是人类所有罪恶的根源。但却是大部分罪恶的根源！

　　所以当你发现自己又在以偏概全的时候，一定提醒自己停住，尤其不要因为自己的某些行为而定义整个自己。你也许不会完全停止这种夸张的以偏概全的做法，但是你可以大大地减少这种行为。你会发现，这是你能够使用的最重要的工具之一，能让你生活得健康、快乐，没有那么多烦恼。

第10章

积极心理暗示

解决实际问题

很多心理疗法，包括理性情绪行为疗法中使用的一些，都能够解决实际问题。显然，如果你能解决自己生活中遇到的问题，而且不要求必须有完美或者最好的解决办法，你都不会有太大的烦恼。但是，你和其他人一样，在生活中遇到问题又无法解决的时候，就会下结论说没有好的解决办法。在生活中遇到有违你利益的挫折，你又会不理性地认为没有好的解决办法。最后就给自己带来了不必要的烦恼。你的烦恼又使你无法解决面临的实际问题。

努力解决实际问题是一种很好的尝试，有效的疗法也会帮助你这样做。但是如果只是或者主要专注于解决眼前的实际问题，你无法有效地减少自己的烦恼。那些解决过的问题可能会再次产生，如果没有有效的解决办法，你将很容易再次陷入烦恼之中。所以在理性情绪行为疗法中，我们建议你在着手解决实际问题之前，以及在这个过程中减少自己的烦恼。具体点说，就是不要告诉自己你必须找到解决这些问题的最佳方法。

特里是一位管理咨询专家，并且非常优秀。他经常为一些大公司指出它们的运营在哪些方面缺乏效率，以及该如何改进。他喜欢解决问题，也把自己的生活管理得井井有条。他的前妻总是不断来找他，想让他给两个年幼的孩子更多钱。所以他想出了各种方法安抚她，想办法挣更多的钱，规划自己的开销，小心地花钱。他甚至觉得跟女人约会一般都不便宜，所以他只跟不怎么要求他花钱的女人约会。这些方法都很奏效；他的收支总是能够平衡，而且他也不用太担心自己的经济条件。

之后特里的公司开始裁员了，只提供给他一份兼职，他的收入陡然下降，他不得不靠从前的积蓄生活。特里开始了无休无止的担心，担心他也许得另找一份工作，担心孩子们因为他给的钱少了而恨他，担心跟他约会的女人因为他的经济收入不稳定而瞧不起他。

特里对于金钱的担心是合理的负面情绪，因为这会帮助他计划挣更多钱或者因为收入减少而节省开支。但是特里过度担心了，脑子里时时刻刻想着怎么挣钱，甚至在付账单的时候还不停地担心，觉得自己像个"穷人"而抬不起头来。他总是整夜睡不着觉，想出一些近乎疯狂的省钱的点子，结果弄得前妻和现任女朋友都很不开心。

理性情绪行为疗法帮助了特里，使他能够保留有益的对金钱的关心，同时放弃对自己经济状况的过分担心，即他可能最后会靠福利救济生活。我告诉他，他的确有一些钱财上的问题，但即使他不能成功地解决这些问题，也丝毫无损他作为人的存在价值。他还读了我与帕特里西亚·亨特（Patricia Hunter）合著的《为什么我总是入不敷出》（*Why Am I Always Broke?*），发现有了经济困难绝不意味着你这个人不够好。

特里最后得出结论："你知道，我也许再也找不到解决我的经济问题的好办法了，因为整个行业也没那么景气。如果是这样，确实挺糟糕的，我指的是在经济上。但是，最多也就是我花得少点儿，给孩子们的钱少点儿，忍受他们的不高兴。如果他们不理解我，那也没关系。如果我的女朋友因为我没钱而瞧不起我，这也就证明了她不是我要找的人。即使她认为我没出息，我也不用同意她的看法。"

得出这个结论的时候，特里仍然在经济上捉襟见肘，但他的焦虑和自卑情绪已经消失了一大半。他仍然很擅长解决实际问题。他拥有了一套对自己非常有用的生活哲学，那就是如果经济上不如意，也只是表示情况很糟糕，并不代表他是一个糟糕的人或是没有能力的人。

所以，一定要尽自己最大努力去解决你的实际问题。使用那些在商界、工业界和管理界广泛使用的一些方法，那些心理学家和教育家，例如多纳德·梅琴鲍姆（Donald Meichenbaum）、杰拉尔德·斯皮瓦克（Gerald Spivack）和梅纳·舒尔（Merna Shure）推崇的方法。他们推荐的一些方法列举如下。

- 分析重要的问题，尤其是那些令你感到烦恼的问题。
- 避免试图一次解决太多有截止日期和需要快速解决的问题。
- 试着找到解决问题的最好方法，但不要认为"最好"的方法就是"唯一"的方法。做好寻找其他方法的准备，即使有时候也许是不那么好的方法。
- 在脑子里模拟不同的解决方法，或在实践中尝试不同的解决方法，即使你会觉得不好意思，即使其中只有一个最合适的方法。
- 再一次在头脑中，但最好是在实践中检验你的解决方法，看看它们是否会产生你要的结果。
- 假设你会为自己的问题找到好的答案，但不要假设你必须找到好的办法。
- 为自己设定符合实际的目标，清楚地找到问题所在，尝试不同的解决办法。

- 尝试找到多个可能的解决办法，这样你就能在比较之后找到一个相对较好的办法。
- 当你因为自己的问题感到压力或焦虑时，想想其他人在不给自己带来过多焦虑的情况下是如何解决这个问题的。
- 权衡比较每个答案的优缺点，并对它们可能会产生的好的结果排序。
- 在实施某个方案之前，先演练几遍。这样做的时候，试着在脑子里想象一下会不会有更好的办法，以及它们的可能性有多大。
- 做好可能有失败，有时候是多次失败的心理准备，不要坚持认为这些失败绝不能出现，或者如果失败了自己就是个弱者。
- 相信只要尝试了就是好的，有时候要奖励自己做出了尝试，即使你的计划并不那么奏效。
- 让自己坚信，需要解决问题的时候你能坚持下去，并且有很大的机会解决问题。
- 如果遇到了瓶颈，看看你对自己说了什么，导致你无法进行下去。你有没有告诉自己太难了，进行不下去了？或是你永远不可能解决这个问题？你只会得到不好的结果，而这是不是绝不允许发生的？或者任何值得做的事情都必须要做好吗？
- 创造并且使用一些鼓励的话语帮助自己继续解决问题。例如告诉自己："我真的可以做到。""我喜欢解决这种问题。""既然我现在做得不错，我很可能会做得更好。""即使现在没有成功，我也能继续尝试并且有很大的收获。"
- 让自己坚信，如果最坏的事情发生了（例如你没有找到一个好的解决办法），没有什么大不了的，你仍然会找到让自己开心的事情。
- 试着把整件事情看作一个真正的挑战，即使你的解决办法很糟糕，也能够通过尝试解决问题来帮助自己。即使没有解决问题，你也有了收获，享受了尝试寻找更好的解决办法的过程，这些都对自己有帮助。即使你的解决办法真的很糟糕，也准备好全然接纳自己，即理性情绪行为疗法中所说的无条件自我接纳。

- 你还可以获得对挫折的高承受力，也就是说，让你自己坚信，如果你很好地解决问题，你生活会变得更加美好；但是如果没有解决问题，你的生活也不会变得糟糕。你仍然能够忍受它，即使有些主要的问题仍然没有得到解决，你还是可以设法过上开心的日子。

不要忘了努力解决自己在情绪上的问题，因为这些问题通常会干扰你解决一些实际问题，这本身就已经是个问题了。所以要不断地问自己，"我如何才能解决情绪上的问题"以及"我如何才能解决一些实际问题"，这两个问题都得好好动动脑子！理性情绪行为疗法提供的方法是：先仔细分析你现有的情绪问题，试着去解决其中的一些，然后再处理生活中遇到的实际问题。但是这并非是一个不可变通的法则。只要能最终解决自己在情绪上的烦恼，你肯定会觉得神清气爽。

解决技巧

追随史蒂夫·德·沙泽尔（Steve de Shazer）的理论，一些治疗专家最近使专注解决方法的疗法越来越受欢迎。即使是在沙泽尔之前，米尔顿·埃里克森（Milton Erickson）在 20 世纪 50 年代就已经推出了这种疗法，而沙泽尔又将埃里克森的那些有点不同寻常的技巧发扬光大。自 20 世纪 50 年代起，理性情绪行为疗法也开始使用其中的一些方法。

和心理分析不同，专注解决方法的疗法不太在意你的过去。相反，它试图让你了解你天生有积极向上的一面，你曾经有效地利用过这一点，你可以学习自己的经验并再次使用这些方法。

专注解决方法的疗法帮助你意识到，在很大程度上你生来就是一个解决问题的能手，而且你的生活通常需要依靠这种能力。专注解决方法的疗法告诉你，你有自我改变的能力，而且有时候你很好地使用了这种能力。因此，当面临一个实际问题或者情绪上的问题时，你可以回忆过去如何有效地解决了同类问题，并且能够使用或者调整过去使用过的解决方法来处理现在的问题。

了解了这些之后，你可以问自己几个相关的问题。例如，假设你现在很担心一门重要的课程会不及格而感到非常焦虑，你满脑子想的都是如果考砸了会有多"可怕"，根本就没法专心复习，而且一想到考试就心惊肉跳。如果是这样，问自己几个重要的问题："上次遇到类似的情况，我是怎么克服这种焦虑感的？有哪些有用的方法？是不是尽管感到焦虑，我还是逼着自己更专心地学习？我有没有说服自己考试及格没有那么神圣？有没有什么方法是我可以再次尝试的？"

再一次问自己："我在学习上做了什么最有帮助的改变？我用了什么方法让自己成功地冷静下来，还有什么方法不管用？如果我曾经陷入过同样的焦虑，是什么干扰了我，是什么让我更好地解决了问题，又是什么让问题变得更糟糕？"

接着问自己："最近一次遇到这种情况的时候，我是不是由于自己的焦虑情绪而感到焦虑？我有没有坚持认为我不可以感到焦虑，如果感到了焦虑，我就不是一个好人吗？我有没有坚持认为自己的焦虑情绪太严重了，以致无法承受，我的焦虑不应该存在，因为它，我的生活简直无法忍受。如果我没有因为感到焦虑而看不起自己，我是怎么做到的？我从前感到焦虑的时候，是如何改善自己对挫折的低承受力的？"

当你问自己，过去因为一场考试而感到焦虑，自己是如何解决这个问题的时候，你可以反驳自己那些将困难夸大的想法，因为你会停下来想想，过去把整个情况看得特别"糟糕"的时候，你做了什么来帮助自己不再有这种想法。

专注解决方法的治疗专家会让你专注于未来，而不是把注意力放在过去和现在的问题上。你会关注无法帮助自己解决问题的行为，而不是只想着如何了解自己，或者诊断你是"怎样的一个人"。不管你的选择是什么，你会出手干预自己的行为（强迫自己做出不同选择）来帮助自己以某种方式进行改变。

专注解决方法的疗法强调：将注意力放在行为上，检查自己的功课有没有好的进步和结果。如果出现了消极的思想和行为模式，一定要及时制止。

这些建议都有一定的价值，与理性情绪行为疗法主张的思考、感觉和行为模式有一定的相似性。然而，专注解决方法的疗法对结果的强调可能会忽视我所提倡的一些更深层次的、轻松的方法。例如：

- 有时候你记不住自己之前是如何解决一些实际的或者情绪上的问题的，即使你过去曾经解决过这些问题。

- 你过去的解决办法真的是好办法吗？还是仅仅是一般而已，让你凑合着先熬过去了？显然这些解决办法并不是那么深刻，否则同样的问题就不会那么容易再出现了。

- 之前的解决方法因为在某种程度上"成功过"，有时候也让你的情绪立刻得到纾解，这反而可能让你无法找到更好的、更深层次的解决办法。如果由着性子来，你可能对挫折的承受力很低，使你总是愿意找一些快速简单的解决办法，而不是找一些更负责、更有效率的方法。

- 你的解决办法很可能无法面面俱到。如果你想要克服对坐火车或者乘电梯的恐惧感，可能就无暇顾及其他方面的焦虑感了，只能任由它们影响你的生活。

- 作为人类，你有一种倾向，就是一旦部分解决了某一问题，你会很快又重蹈覆辙。但是理性情绪行为疗法认为，如果触及了内心最深处那些不理性的要求，并且将它们彻底根除，你就不太会给自己带来同样的烦恼，所以也就不需要再一遍遍地使用同样的"解决办法"了。

- 如果你有明显的人格障碍，专注解决方法的疗法可能会忽略一个事实，那就是你可能需要密集的，有时候是长期的治疗，抗抑郁药物或者其他药物可能会对你有效。

你可以使用一些专注解决方法的心理疗法。如果你现在主要是想帮助自己，并且希望很快看到效果，它们对你来说可能有用。但是如果你想要找到我一直在推广的一种轻松、深层次、具有哲学意义并且能带来行为上的改变的疗法，你最好在这些疗法之外再尝试我在本书中一直在介绍的"更深层次"的疗法。

深信自己的能力，但是避免过度乐观

米尔顿·埃里克森以及那些继续推广他观点的、专注解决方法的治疗专家告诉他们的客户，他们深信每个人身上都有积极倾向，这是"正常的"人类所具备的，他们也对客户的能力和潜力有极大的信心。这种将你的思想、感觉和行为"正常化"的方法有自己独特的优点。你身上确实有很多积极向上的力量，你可以利用这些力量解决实际生活中遇到的或者情绪上的问题。

当你专注于自己的能力和改变的潜力时，你总是能想出该做些什么来帮助自己，例如一些比你现在更积极的具体的思考方式和行为方式。如果你能够在生意失败后迅速东山再起，那么你也能够从个人感情的失败中恢复过来。

由于有了以上的原因以及其他各种原因，一定记住将自己看作一个"正常的"人，也许有些消极的行为，但即使是这样也能过上快乐的生活。我在第 8 章曾经讲过，不要在这方面盲目乐观。不要认为自己有些并不拥有的超能力，或者能奇迹般地战胜所有不幸。如果失败了，你最好老老实实地承认，并且努力克服这些困难。但是，我要再次提醒你，你只是一个做某件事情失败了的人，作为人你并没有失败，而且你通常能够改正自己的缺点，以后会做得更好。从不同的角度来看待自己。不要过分强调你的缺点，将不断改正自己的缺点视作精彩的挑战。

以下是盲目乐观主义的一些缺点：

- 也许夸大自己的积极性和作为人类"正常的"特点会暂时帮到你，但它只是让你感觉好点，而不是真正变得更好。变得更好意味着承认自己的缺点并且努力改正它们。但感觉良好会影响到你，使你否认自己身上存在的不足。
- 你也许会将自己身上那些真正消极的行为看作是"正常的"或者"好的"。因此，当你夸大自己遇到的困难时，你也许会认为自己是在躲避"危险"。例如，你把开车看作是"非常危险"的一件事，但你也许只是在为自己找借口，懒得去考驾照和保养一辆车。你逃避的借口反而为你提供了正当的理由，使你出行的方式受到不该有的限制。

和关系很亲密的朋友或者亲人一起找找，看自己身上有没有那些看似"正常的"行为。看看你是不是在客观地承认自己并非"不正常"，或是在为自己不努力解决问题找借口。

如何分散注意力

几个世纪以来，人们一直在讨论人类的大脑一次只能专注于一件事情。例如，当你为某件事情感到极度担心的时候，它就会牵扯你的精力，使你在学习、工作和社交关系中无法应付自如。但是如果这个时候你强迫自己将注意力放在学习、工作或者社交关系上，尽管你的担心依然存在，却会受到遏制，并且你在其他方面的表现也会好起来。我是通过自己的经历发现这一点的。当时我19岁，对于在公众面前讲话感到无比慌张。有一次我要参加一次辩论，感觉非常害怕。我精心准备了一篇演讲稿，辩论的时候我全神贯注于这篇稿子的内容，竟然暂时忘记了自己的焦虑，讲得非常流畅。

古代思想家们已经意识到了，专注于做某件事情能够减少你的焦虑和抑郁。所以他们推荐你练习瑜伽、呼吸、打坐和其他能够分散精力的活动。和禅宗一样，它们还包括各种不同形式的仪式和活动，这些仪式和活动既有自己的意义，又能够分散你的注意力，让你不再那么焦虑。

所以，当你感到焦虑、恐慌、抑郁、愤怒和自怜的时候，也可以利用这些及其他分散注意力的方法。埃德蒙·雅各布森（Edmund Jacobson）发明的渐进式放松技巧强调慢慢地、一点点放松全身的肌肉，就能很好地起作用。但是看电视、看电影、读书、玩游戏，以及其他各种形式的娱乐活动也能起到同样的效果。

赫伯特·本森（Herbert Benson）曾经就放松反应进行过研究，并出版了相关著作。他指出，任何人都可以进行打坐和其他形式的"宗教"或者"神秘主义的"练习，不必要给它们披上神圣的外衣。他推荐的一种放松练习是如下这样进行的。

选择一个词，例如"合一""和平""嗡"或者对你来说有意义的一个词。以舒服的姿势坐着或者躺着。闭上眼睛，让全身的肌肉放松。缓慢而自然地呼吸。呼气的时候，不停地重复那个词。把注意力放在这个词上，不要有其他的念头，但也不用过分用力。如果有了别的念头，放松，看着这个念头来了，然后再将注意力转回到先前那个词上。只要觉得有压力或者感到焦虑，你就可以利用这个技巧练习 5 分钟、10 分钟或者 20 分钟。或者你也可以每天练习 10 ～ 20 分钟作为一种休息放松的方式。

其他治疗专家也推荐了不少转移注意力的技巧，例如罗伯特·弗里德（Robert Fried）、丹尼尔·戈尔曼（Daniel Goleman）、莫里兹·奎依（Maurits Kwee）、夏皮罗（D. H. Shapiro）和沃什（R. N. Walsh）。只要你积极使用，这些方法都会有效。使用这些方法的优点包括以下方面。

- 你能够轻松快速地学会这些技巧，尤其是一些放松肌肉、呼吸和打坐技巧。

- 当你使用这些方法的时候，能立即让自己冷静下来，只需要几分钟的时间。即使你处于严重的恐慌中，只要你深呼吸并迫使自己想一些愉快的场景，也能几乎是立即让自己不再感到恐慌。

- 一旦你使用了分散注意力的技巧，就可以清醒地使用我在书中介绍的其他方法。当你极度抑郁的时候，一般是无法使用这些方法的。

- 有些令你放松的方法，例如读书、看电视和其他形式的娱乐活动本身就能够让你感到愉快，也会让你的生活更加丰富多彩。

- 当你成功地使用了分散注意力的方法，你会发现能控制自己的想法和感觉，并得到一种自我效能感或者成就感。这真的对你很有帮助！

- 有些分散注意力的方法可能会让你发生观念上的改变。如果打坐的时候看到了自己那些充满焦虑的念头，你也许会下结论说觉得这些"可怕的"、会发生的事情其实不会真正发生，即使它们真的发生了，你也能够处理和应付。隔着一定的距离观察自己，发现自己其实是在夸大事实，会帮助你认清真相。

因为上述原因，很多不同类型的分散注意力的方法对你来说都非常有用。然而，和其他自助式疗法一样，它们也有自己显著的局限性，也可能会让你偏离我在本书中最希望发生的那种深刻的、观念上的改变。例如：

- 你可能会暂时忘记那些给你带来烦恼的想法，但却并不一定改变了它们。你可能仍然会相信自己一定要赢得某人的青睐，如果你没有做到，就是一个一无是处的人。通过打坐、呼吸练习、瑜伽或者其他分散注意力的方法，你可能是将一个想法忘记了，但却是暂时的！当你停止这些练习的时候，那个想法又轻而易举地回来了。所以分散注意力可能会让你感觉好一点儿，但它们不会让你反驳自己那些疯狂的念头并且变得更好。有时候你也许拿它作为借口，不愿意去积极地反驳并且真正改变那些不理性的想法："我已经感觉好多了，为什么一定要去反驳那些不切实际的想法呢？"

- 分散注意力的方法也许太有效了，以至于你看不到主要是那些消极的想法导致了你的烦恼。它们让你相信你的那些消极的想法是自然而然产生的，而不是你自己主动创造了它们，也导致你无法有效地改变它们。

- 因为要分散自己的注意力通常很容易做到，而找到并且反驳自己不理性的想法很难，所以你可能会沉溺于这些简单的方法中，反而增加了对挫折的低承受力。你可能会告诉自己，那些更有效果的自助疗法"太难了"，所以你"做不到"或者它们"不值得"费那么大的力气。

朱蒂发现能让自己放松的最好方法就是坐在一张舒服的椅子上，想象自己站在一大片雏菊花中间，采着花，闻着花的香气。她是一个高中老师，一旦工作让她心烦意乱，她就会用这个方法让自己快速平静下来。

有时候她甚至会在课堂上给学生布置一些作业，好让自己有时间坐在讲台边用这个方法放松一下。她很快就忘记了自己的烦恼，例如她的课教得不太好，或者校长给她又分配了什么任务。只要觉得自己又快要心烦意乱的时候，她就赶紧用这个方式让自己放松。

遗憾的是，朱蒂的烦恼很快又回来了，有时候她一天之内不得不将这个方法用上好几次，还有晚上因为焦虑睡不着觉的时候，她也使用。但是内心深处那个自己一定要是这个学校最好的老师的想法从来没有变，结果她不得不花更多的时间来做这种放松练习。当她还是觉得焦虑的时候，不得不服用佳乐定（一种镇静药物）和其他镇静剂，但是发现同样的情况还是一再发生。这些药片能让她感到不那么焦虑，但也只是维持很短一段时间。她服药的剂量还慢慢增加了。

最后，朱蒂来到纽约阿尔伯特·埃利斯学院举办的"克服焦虑"工作坊，开始阅读理性情绪行为疗法方面的书籍（见参考书目），并逐步发现了自己在教书工作上过分追求完美。通过反驳自己那些不理性的想法，并且做一些消除羞愧感的练习（我稍后会介绍），她最终改变了令自己产生烦恼的想法，只是偶尔用用那个放松的练习。她现在教课的时候比以前愉快得多了，也不再在课堂上感到焦虑。

所以，你一定要学会一种或者多种合适的分散自己注意力的技巧，当你觉得难受、什么事情都做不好的时候，利用这些技巧来让自己放松。但是你要认识到，这些技巧只能让你缓解却不能根除你的压力，因为它们只会掩盖却不能改变你那些产生烦恼的想法。所以它们最多是作为辅助手段，不能积极有效地帮助你反驳自己的不理性想法。

使用灵性和宗教方式帮你解决情绪问题

从有人类以来，人们就在使用宗教和灵性的自我疗愈方法，这些方法也有着自己独特的价值。它们为什么会有效呢？很大程度上是因为宗教和灵性的观点包含有一定的理论、意义和价值。所以，如果你消极厌世的态度非常明显，不妨用一种宗教的观点来取代这个态度。首先，它可以将你的注意力转移；其次，它能够用一套更有效的理念来代替你之前的想法。

当你有了烦恼的时候，不同宗教中的很多理念都对你有一定的帮助。

- 宗教和灵性的理念和活动都要求很大的参与度，它们鼓励你投身于一个组织、教会或者事业，从而忘记令你感到烦恼的想法、感觉和行为。例如，当你祷告的时候，你满脑子都是祷告词，也就不会想着你的生活有多么"糟糕"。研读宗教和灵性文本也能够减少你的焦虑（当然，其他非宗教书籍也可以做到）。与其他人一起参与宗教活动很容易转移你的注意力。如果你感到焦虑、抑郁或者愤怒，宗教活动能分散你的注意力，从而让你冷静下来。

- 维克多·弗兰克尔（Viktor Frankl）和其他存在主义哲学家曾经指出，人类似乎有为自己的生存赋予一种意义的天然倾向。如果只是为了活着而活着，你也能过得不错。但是一旦有了某个目标、目的或者理想，你会感到更加投入、更加快乐。你可以为自己的生活寻找政治、社会、经济、家庭和其他方面的意义，宗教是其中一个。尤其是某些宗教还要求其教徒信仰并且投身于某种事业，并且和其他宗教人士一起积极推广这种事业。

- 如果你积极地为了某个项目或者事业而奋斗，你会获得罗伯特·哈勃和我在《理性生活指南》中所说的一种极具吸引力的兴趣，即一种能够耗费你几十年时间、甚至是一辈子的兴趣。如果你真心投入并且持续为某个事业而努力，它给予你的重大意义通常会为你带来极大的满足感，也会为你所信仰并且追寻已久的问题带来答案。一个极具吸引力的兴趣也可能是社会性的（例如致力于拯救我们的森林），也有助于阿尔弗雷德·阿德勒所说的有益的社会兴趣。

- 我之前曾经提到过，当你在情绪上有了烦恼，你会产生一些有害的负面想法，而且对于这些想法你还深信不疑。于是，你可能会坚定地相信你不能改变自己，你的生活肯定会一直悲惨下去。大部分宗教和灵性教育会传达给你一套乐观而非悲观的思想。例如让你相信你会受益于这种宗教，"上帝"会毫不迟疑地帮助你，你对宗教的奉献会极大地助益他人，等等。

这些乐观的思想会让你对自己和你改变自己的能力有极大的信心。这种信心常常能够帮到你，就像你对某种疗法或者你的私人治疗师的信心一样。

奇怪的是，你信仰的对象是什么倒不是那么重要。所以，只要你觉得相信这个对象能帮你消除头痛、焦虑或者解决任何生活中的实际问题，你就可以虔诚地信仰它。

当你有了这种信心，你可以从以下几个方面受益。

- 第一，你将不再因为自己的问题而抱怨不停，这一点本身对你就有帮助。
- 第二，这会分散你对自己的问题和麻烦的注意力，因而你的痛苦会少一点。
- 第三，你会冷静下来，能够想到有效的解决途径。
- 第四,你让自己的身体有机会利用自身的能量来减轻身体上的疾病。
- 第五，你可能会"跳出自己的小宇宙"，不再满脑子只想着自己。

所以，我在修订版的《心理治疗中的理智和情绪》（*Reason and*

Emotion in Psychotherapy）一书中提到的，即使你信仰的神不会真正做什么去帮助你，你对它的强大信心也会让你感觉更好，因此这对你来说就是有效果的。

只要你对其有坚定的信仰，任何宗教或者灵性教义都能够帮助你。但问题是没有一种宗教教义在科学上可能（或者不可能）得到验证，只有你自己的坚定信仰似乎真正地在起作用，让你感觉更好。

那么，是不是如果你拒绝相信某种超自然的力量能帮助你解决你的问题，你就会过得更好呢？通常是这样的，但也不一定。我和其他几位既是理性情绪行为疗法的研究者又是宗教信徒的心理学家，尤其是布拉德·约翰逊（Brad Johnson）和史蒂文·尼尔森（Stevan Nielsen）已经证明了，不理性的要求对于精神健康是有害的，但是基督教、犹太教和其他宗教已经发展出了一套和理性情绪行为疗法非常相似的、既符合逻辑又可操作的理念。所以，犹太－基督教认为"上帝"接纳罪人，而不接受他的罪，这和理性情绪行为疗法中的无条件自我接纳是一样的。相信需要一个神来帮助自己的人，只要他的信念是理性的，而非消极的，就一样可以受益于这种信念。宗教教义对你是可以有帮助的。然而，它也有自己的缺点，例如，

- 因为你相信的超自然力量无法证明它的存在与否，所以是不科学的，一旦你的信仰受到打击，你会很容易幻想破灭，让自己感到焦虑和抑郁。尤其是当你对自己的信仰盲目乐观的时候。例如，如果你相信，只要向你的神祷告，他就一定会来帮你，可要小心点！你也许会自欺欺人地深信宇宙间有一种超自然的力量，你可以利用这种力量帮助自己戒酒或者戒烟。或者你相信的那个神灵或者大师会替你解决一切问题，你的生活会变得更好。当然，这些观点很容易被证明是不可靠的，从而让你大失所望。

- 当你相信，你极其需要一个神灵来帮助你克服药物成瘾或者其他情绪问题的时候，你也会认为只靠自己，没有那个神灵的帮助，是做不到这一点的。这当然也是不对的：因为有几百万人不相信任何神灵、大师或者超自然的力量，显然也成功地帮助自己摆脱了这些问题的困扰。有很多人曾经相信某位神灵，但很快他们就放弃了这种幻想，有时候实事求是的想法对自己的帮助更大。

- 相信任何一种神灵、宗教或者超自然的力量都很有可能陷入其中无法自拔。埃里克·霍弗（Eric Hoffer）几年前曾经指出，相当一部分比例的某个宗教的忠实追随者对他们的宗教有一种强迫症式的信仰。还有一部分虔诚的信徒会把自己变得极端的疯狂，他们会用暴力来对付和他们有不同信仰或者没有信仰的人，常常监禁、折磨和谋杀对方。

- 相信超自然力量的存在有些时候肯定是有帮助的，但一旦你有了情绪问题，这种信仰无法提供我在本书中描述的那种更深刻、更强大、更持久的解决办法。因为那样一种轻松的解决办法帮助你通过自己的想法、感觉和行为来解决自己的问题，而不是借助于外部力量。所以，你对自己的情绪走向有着完全的掌控。你可以用任何一种你选择的方式来应对困难或者挫折；你可以让自己感到遗憾、后悔和泄气，但这都是健康有益的负面情绪，也就是说你不会感到极度烦恼。

因为上述这些原因，依靠宗教或者灵性力量的帮助有它明显的局限性。它有时候也许对你有帮助，但如果这是你选择的唯一一条道路，那就走上这条道路吧。但是如果还有其他的道路，更轻松的路线来获得情绪健康和自我价值的满足，不妨考虑一下它们！

同时，如果你想保留自己的宗教信仰，你也能在里面找到有效的、理性的理念。史蒂文·尼尔森和布拉德·约翰逊就是信仰"上帝"的理性情绪行为疗法治疗师，他们指出，宗教信条中也包括一些自助式的理念劝导你去宽恕自己和他人，接受你无法改变的一切，同时致力于你能够改变的，学会与他人友好相处，同时相信你在做决定的时候有一定的自由意志。

了解烦恼和不足

尽管心理分析在帮助人们真正解决情绪问题的时候有些缺陷，但它还是很受欢迎。也许它比目前创造出来的其他所有心理治疗方法让人们花的时间和钱都更多，结果却不那么尽如人意。为什么？因为人们喜欢去了解所谓引起他们烦恼的原因，他们也享受这种无休无止地谈论自己的感觉。他们也很爱将自己的公众演讲恐惧症归咎于"被唤醒的"回忆中童年所受的性虐待！

但是心理分析真的能够解释你是怎么变成现在这个样子，你的烦恼是如何形成的吗？我刚行医时接受过心理分析方面的训练，还使用这种疗法长达 6 年之久。但是对于这个问题，我的答案是："几乎不可能。"它有时候似乎给了你深层次的解释，让你知晓在儿童时期是如何受父母和其他在你生命中占据重要地位的人的影响，这些影响如今又是如何严重困扰着你。这些解释大部分听起来都很有趣，有的也是对的，因为你小时候就是很容易受到影响，确实从大人那里学到了一些标准和价值观，而且到现在还保留着其中一些。所以你曾经（并且仍然）受到影响。没错。

但是标准、目标和价值观本身不会给你带来烦恼，即使是你完全无法达到它们的时候。我一再强调，你自己关于这些标准的不理性的绝对要求才是罪魁祸首。不管你是如何想要获得父母的爱、社会的认可还是挣大钱，你都不需要坚持认为你必须拥有这些东西，如果没有做到，那就太可怕了。虽然你受到的教育告诉你，这些目标非常诱人，但却没有明明白白地说你必须拥有它们，否则你的世界就会一团糟。只是有时候你多多少少可能会受到这样的暗示。

但是，你对自己学习、遵循和记忆的东西是有选择的。你可以像很多人那样忽略这些所谓"正确"的标准，也可以像很多人那样接受这些价值观，相信它们，追随其后，但也没有把它们变成发誓要完成的目标。你也可以将个人最强烈的愿望（例如对某种食物或者某人的爱）变成某种执念，尽管你的家庭教育和你所处的文化并没有鼓励你一定要完成自己的目标不可。

这些都显示出了解自己的愿望、需要、标准和价值观是一件有趣的事情，在某种程度上也是重要的，因为它们与你的情绪问题有关。但却没有那么重要！更要紧的是，从理性情绪行为疗法的角度来看，你对自己那些必须完成的目标和要求的了解是解除你的烦恼的关键因素，也在很大程度上决定了你能如何改变。那也正是你在本书中不断学习的重点。理性情绪行为疗法让你了解你有哪些具体的愿望；它们看起来是多么的不现实、毫无逻辑和不切实际；你如何能够用现实的、符合逻辑的和实际的愿望来替代它们。

你是在哪里、如何产生这些必须达成的要求也很有趣，但一般不太重要。也许是你在成长过程中形成的，当父母和老师告诉你，你最好表现得好一点儿，要获得社会的认可，你也认为如此。但是接着你就以自己的方式来解读他们的话，将父母的期望更进一步变成了你必须要做好。或者你慢慢有了自己的强烈愿望，然后很容易就将这些愿望变成了对自己的不合理的要求，在某种程度上这也归咎于你内在的虚荣心。

你的这些烦恼是如何形成的有那么重要吗？也许并没有，除非你正在写自传。如果你愿意，可以回顾一下自己的成长史，找到原因，当然前提是如果你能够找到。如果你不能做到，也没什么大的损失。只要你发现了自己的那些不合理的要求，它们如何造成你自寻烦恼，你可以做什么来改变这些要求，那就足够了！

回到现实中来！无论你的烦恼的"最初来源"是什么，你现在正遭受着它们的困扰。你现在要做什么来减少烦恼呢？回到理性情绪行为疗法最重要的三句话！好好地理解这三句话，还要会使用。我们再来快速复习一遍：

（1）**"我的烦恼并不是来自外界，而主要是自寻烦恼。"**

（2）**"不管我是从什么时候以及如何开始因为挫折感到烦恼，我现在仍然因为挫折而烦恼。"**

（3）**"记住这些话还不够。只有努力练习才能帮助我改变那些消极的想法、感觉和行为。"**

提升自尊

被治疗专家广泛使用，但又有一定局限和风险的两大方法是提升你的自我效能感和提升你的自尊。自我效能感这个术语由阿尔伯特·班杜拉和他的学生们普及推广，并做了大量相关研究。它是我于1962年提出的自信成就感的同义词，意指当你看到自己能够成功地完成某个任务（例如弹钢琴或者解数学题）时，会产生很大的自信心，觉得自己还能再次成功。很多实验已经显示，如果你有自我效能感，生活中的很多事情你都会完成得更好。所以它是很有用的！

然而，当你以为自己做某件事情做得很好，但实际上做得很差的时候，你会有一种错误的自我效能感。更奇怪的是，你的错误的信心有时候能帮助你更好地完成一件事情，但也可能导致你幻想破灭，自信心丧失，以及自我贬低。所以要获得好的自我效能感的途径就是练习，练习，再练习。然后你就可以做得很好，并且知道你能做好。

自我效能感常常会形成一种自尊的感觉，这一点是危险的，对你的精神健康有一定的危害。怎么会这样呢？因为当你的自尊膨胀时，你会开始评价自己的存在价值、你的本质和你的表现。你会告诉自己，"因为我做了这件重要的事情，例如解数学题、参加体育竞赛、进行社会交往、爱别人，或者任何一件别的事，所以我就是个好人，一个能干的人！"这种自我感觉真好！

不幸的是，自尊也有它的反面：自我轻视或者自我厌恶。"因为这件重要的事情我没做好，所以我是个坏人，没有能力的人！"这个想法会带给你什么？抑郁和焦虑。当你表现不好的时候会抑郁；当你害怕自己可能失败的时候会焦虑。由于你就是个会犯错的、不完美的人类，有了这种观念，你会很轻易地让自己永远陷入焦虑和抑郁之中。

自尊是一种很好的感觉，但也很脆弱。它的反面就是自我贬低。它会制造太多的焦虑和抑郁，从而破坏你的自我效能感。所以，你可以时时为自己的成就感到骄傲，但不是为你个人或者你的价值而骄傲。相反，你要无条件地去接纳自我，这一点我在本书中一直在强调。那是更深层次的、更轻松的解决办法。

第11章

感受的力量

当我还在十几岁的时候，赫伯特·乔治·威尔斯、托尔斯泰、屠格涅夫、陀思妥耶夫斯基、辛克莱·刘易斯、厄普顿·辛克莱、西奥多·德莱塞和其他作家的小说，易卜生、萧伯纳、契诃夫、奥古斯特·斯特林堡、尤金·奥尼尔和其他严肃剧作家的戏剧作品让我对哲学产生了兴趣。我很快开始利用一些哲学思想来克服自己与生俱来的容易感到焦虑和不安全的消极倾向。

我一开始让自己受一些古代和现代哲学家以及几个心理学家的指引，他们指出，如果你想要改变自己的感觉和行为，最快最好的方式就是改变你的想法。对于我们有些人来说，这是对的。包括我自己。然而，当我首次利用古代和现代哲学思想来改善自己的情绪问题时，我简直着了迷，我如此享受试图将自己消极的想法变成更积极的想法，以至于我发现这么做太简单了。也许解决问题就是我的专长。简直是轻而易举！

但我的绝大多数客户并不是这样。1943年开始行医时（在1947年我同时进行精神分析之前），我是个积极的行动派，毫不犹豫就把我在书里看到的一些合理的方法，还有我从自身克服焦虑的经验中的所得应用到了客户身上。

我获得了很大的成就感！当我于 1955 年开始使用理性情绪行为疗法时便很快发现，我的大部分客户承认他们有不理性的想法，而且也认为他们最好把这些想法变得更加理性。但是他们通常还是紧紧地抓住自己那些不理性的想法不放。即使当他们说，"嗯，我猜我不一定总要在重要的项目上获得成功"的时候，他们对这个理性想法其实也没有那么肯定，因为他们同时还在深深相信，"但是我真的要这样！"因为他们只是人类（所有人类有的缺点他们都有），同时有着两种自相矛盾的想法。他们其实更强烈地相信那个不理性的想法，而且也是依据那个想法行事。

那么，我能做什么去帮助那些仍然被困扰着的客户呢？答案很明显：想办法诱使他们积极地反驳自己的不理性想法，然后强烈地肯定那些理性的想法，直到前者越来越弱，后者越来越强。很简单，但是不容易！

我还意识到，不那么强烈的愿望（"我不喜欢你对我撒谎"）会引起不那么强烈的情绪（例如轻微的敌意），而强势的要求（"我恨你对我撒谎，你不准撒谎！"）则会导致具有毁灭性的情绪（例如极端的愤怒）。所以我发明和改进了一系列有力的情绪疗法，如热认知（hot cognition）和感觉疗法，现在很多使用理性情绪行为疗法的治疗师都会使用这些方法。

你也可以利用这些方法来弱化不理性想法，强化理性想法。在本章中我将介绍其中最有效的一些方法。

积极自我暗示

你可以想出一些与我在第 9 章中介绍的积极自我暗示同一类型的心理暗示，用一种强有力的方式说给自己听，直到你真正说服自己相信，并且真的感觉到这些信息。例如：

强有力的、现实的自我暗示："我绝不需要我想要的东西，不管我多么想要得到！""如果我不断强迫自己经历戒断的痛苦，我就能够戒掉药瘾！"

强有力的、合理的自我暗示："即使几段感情都失败了，也不意味着我一定会再次失败。不，不会的！我能够有成功的感情！""如果我做这份工作特别努力，很可能会获得老板认可，但是这并不意味着他必须认可我，给我加薪！这两者没有联系！"

强有力的、实际的自我暗示："要求我的朋友必须借钱给我，只会让我感到焦虑和愤怒。是的，真的焦虑，并且非常愤怒！我还是希望能借到钱，但不是要求一定如此。""如果我让自己相信，我一定需要好的天气，这样明天我就可以去打网球了，我会得到什么？除了极度的焦虑和抑郁，什么也得不到！而我的焦虑和抑郁丝毫不会影响天气！"

如果你不停地向自己重复这些心理暗示，要么大声说出来，要么在脑子里默念。如果你对它们有极强的信心，并且证明了它们是正确的，要比对它们将信将疑更有可能促使你坚定地遵照这些想法行事。注意理性情绪行为疗法也使用同样的有效新理念作为反驳自己那些不理性想法的答案。因此，它们比不切实际的盲目乐观要更准确。

合理情绪想象技术

理性情绪行为疗法也用到了几种想象疗法，因为想象是一种强有力的思考和情绪过程。马克西·莫茨比（Maxie Maultsby, Jr.）是一位理性情绪行为疗法治疗师，20世纪60年代跟我一起学习过，他于1971年创造了合理情绪想象技术（rational emotive imagery，REI）。发现合理情绪想象技术是一种有效的认知–情绪疗法后，我对它进行了调整，使之变得更加有效，并且近25年来成功地在几千名客户和我自己的工作坊中的数百名志愿者身上使用过。

下面我来描述一下我是如何在 35 岁的机械工马蒂身上使用合理情绪想象技术的。马蒂对于自己的贪吃和超重 25 千克感到非常羞愧。在前几个疗程里，我们发现当他不停地将蛋糕和巧克力棒塞进嘴里的时候，他强烈地相信，"我绝不能被剥夺吃这种美味的权利！我无法忍受这么可怕的事情！如果总是饿着肚子，这种生活还有什么意义！"

一旦吃饱后，他又意识到自己将变得更胖了。这个时候他又开始打击自己："看看我都干了什么？又像只猪似的吃个不停！我早就应该知道不能这样，但是我却不知道！我真是个白痴！我恨我自己。"

马蒂和我都同意他有上面那些想法，而且那些想法也是不理性的，他可以放弃，也应该放弃那些想法。但是他没有。他只是有点儿相信，"即使饿了，我也不一定非要吃东西；我这么胡吃海塞确实挺蠢的，但这并不意味着我就是一个笨蛋！"所以他还是猛吃猛喝，接着又骂自己没出息。

我便以下面这种方式在马蒂身上使用合理情绪想象技术。

"闭上你的眼睛，想象可能发生的坏事中最糟糕的一件：你每星期不停地吃蛋糕和巧克力。你答应自己会停下来，但是你没有。反而在每餐之间、每顿饭的时候都吃得更多了。你的朋友和家人对你的愚蠢行为感到非常反感。你能不能在脑子里活灵活现地把它想象出来？"

"喔，是的，很容易。"

"当你看见自己大口吃下额外的、并不需要的食物时，你是怎么感觉的？真正的感觉？"

"很可怕！就像一个贪吃鬼。一个软弱，真的很软弱的窝囊废。情绪很压抑。"

"好的。我发现你对自己的感觉还是很诚实的，所以，保持这种感觉。感觉很压抑、消沉、抑郁，就像一个完完全全的废物。一定要体会这种感觉，将注意力保持在这种非常糟糕的感觉上。"

"喔，我就是在这么做。非常压抑。感觉自己就是一个废物！"

"好的！更深刻地去体会这种感觉。现在既然你感觉如此压抑、如此消沉，保留你脑子里那个自己在愚蠢地吞着东西的形象，不要改变这个形象。但是当你在想象这个画面的时候，努力把自己的感觉变成有益的负面感觉，这一点你可以做到。仍然保留那个形象，但是让自己只是因为那些不当的行为而感到遗憾和失望。只有遗憾和失望，没有抑郁，不觉得自己是个废物。"

"我真的能做到吗？"马蒂问我。

"你当然能，"我回答说，"这是你的感觉，你创造的它。所以你总是有能力改变它。试试看！"

马蒂沉默了2分钟，很显然，他艰难地在这个过程之中挣扎。然后马蒂说道："好了，我做到了。"

"你现在有什么感觉？"

"遗憾，非常遗憾。对于自己的行为和自己的不加节制感到非常失望。"

"有觉得抑郁吗？"

"那倒没有。悲伤，但不是抑郁。"

"好的！很好！你做了什么从而改变了自己的感觉？"

"我跟自己交谈，就像我们之前讨论的那样。但是我的语气更强大，因为我要跟自己的抑郁情绪作战。所以我跟自己说，'你又这样了！简直是白痴行为！但是你可不是一个完完全全的白痴，你只是一个会犯错的人，有时候会干些蠢事。太糟糕了，但是你不是白痴'。"

"好的。真的很好。这样做会让你觉得遗憾和失望，但不会感到抑郁。现在你可以保留这种有益的遗憾和失望情绪，接下来的30天每天重复一次这样的练习，直到你开始自动对自己的行为感到失望，而不是责骂自己。每天只需要几分钟的时间就可以了，你会发现将产生什么样的神奇效果。"

"每天一次？"

"是的，每天一次，直到每当你想象自己在愚蠢地大吃，或者甚至是你确实在大吃大喝的时候，你都会自动感到遗憾和失望，但不会把自己看作废物或者蠢猪。"

"那就太好了。"

"是的，确实。现在你是否愿意给自己这个任务？每天练习这种合理情绪想象技术一次，直到你自动感觉到的是健康的遗憾情绪，而不是不健康的抑郁情绪。"

"是的，我愿意。可是如果我没有坚持，会怎么样？"

"你可以使用强化或者有效条件来帮助你坚持下去。我来教你怎么做。你喜欢做些什么？只是因为你喜欢，能够让你愿意每天做一次。"

"我想想，"马蒂说，"嗯，打乒乓球。我真的很喜欢。"

"很好。接下来的 30 天里，只允许自己在练习合理情绪想象技术并且改变了感觉之后可以打你喜欢的乒乓球。"

"如果我每天想早点儿打球怎么办？"

"在你打球之前练习合理情绪想象技术。只要几分钟的时间。"

"但是如果我还是不愿意做呢？"

"那就惩罚自己。"

"怎么惩罚？"

"嗯，有没有什么你很讨厌，所以会想办法逃避的事情？你真的很讨厌做的一件事或者家务，那就是惩罚。"

"那就是刷马桶。我最讨厌了。"

"好的。如果下个月的某天到了睡觉的时候你还没有练习用合理情绪想象技术改变你的感觉，就罚自己刷马桶 1 小时。如果你做了练习，就不用刷马桶了。明白吗？"

"好的。我敢打赌这个办法肯定会有助于我练习合理情绪想象技术。"

"我相信肯定会的。"

马蒂确实坚持下去了,只是偶尔会用一下强化条件或者惩罚条件帮助自己练习。连续使用合理情绪想象技术 22 天后,当他在生动地想象自己又吃得太多的时候,他开始自动觉得遗憾和失望。到了他真的在大口吃蛋糕和甜点的那一天,他只感觉遗憾和失望,没有咒骂自己,并且很快就回到过去的饮食习惯上,戒了多余的蛋糕和甜点。

所以,你也可以尝试一下合理情绪想象技术,尤其是在你很难相信自己的那些理性积极心理暗示的时候。努力将自己那些不健康的、消极的感觉变成更加健康的感觉。你的感觉在很大程度上由你的想法决定。所以,改变一下对自己的心理暗示,将自己的焦虑、抑郁和愤怒降到最低。有更积极的想法,就有更好的感觉。你能够控制自己的情绪走向。

做消除羞愧感的练习

20 世纪 40 年代早期,我开始给客户做心理治疗不久之后就意识到,羞愧感是大部分(但不是所有)人类烦恼的核心原因。当你对自己做过的(或者没有做到的)事情感到羞愧、尴尬或者丢脸的时候,你首先会观察到自己做了一件错事,一件会导致其他人的批评的事情。但是即使这个时候你也可以告诉自己:"我很遗憾自己的行为不当,导致了人们批评我。但是我不用将自己的错误行为或者他们的批评看得太严重,我下次会努力做得更好一点。"如果这么想,你不会觉得羞愧,而只是遗憾和后悔。你的想法和感觉都是健康的,不会引起严重的情绪问题。

然而,要感到深深的羞愧,你会这样告诉自己:"我绝不应该那么做!太糟糕了!因为这么做了,我就是个烂人,活该被其他人看不起!"如果要让自己对那些令你感到"羞愧"的行为只是感到遗憾和失望,你可以抛掉自己的烦恼情绪,让自己回到一种希冀上来,不是要求,是希冀，希望自己能表现得更好。

然而，因为你有一种很强的倾向，会不断让自己因为做了什么"错"事和应该被责备的事感到消极的羞愧情绪，所以我在 1968 年发明了一种消除羞愧感的练习，让你在情绪和行为上进行练习以克服那种强烈的羞愧感。所以，作为情绪疗法中的一个主要疗法，这个练习能帮助你获得无条件自我接纳。

我在做讲座和工作坊时，一般会把刚才你们读过的前三段的重点总结一下，接着再向听众介绍这个著名的消除羞愧感的练习。

"在脑子里想一件要是做了，会让你觉得羞愧、愚蠢、荒唐、尴尬或者丢脸的事情，不是你为了闹着玩做的，而是一件真心让你觉得非常羞愧的事情。当然，也不是会伤害别人的事情，例如扇某人耳光。也不是会伤害你自己的事情，例如告诉你的老板或者主管，他们不是好人。也不是会让你进监狱的事情，例如侮辱警察。它应该是一件你觉得羞愧，其他人也会因此看不起你，但是又不会让你陷入大麻烦的事情。"

"现在这个练习有两个重要部分。首先，要经常做这个消除羞愧感的练习，而且是在公众场合。其次，要针对自己的感觉做练习，不管是在做这个练习的时候还是做完练习之后，都要仔细分析这种感觉是否还存在，目的是不要再让自己感到羞愧。可以对令自己感到羞愧的行为觉得遗憾和失望，但不要羞愧，也不是自我贬低，觉得自己是个让人瞧不起的人。"

"你可以怎么做呢？再强调一次，是任何一般会让你感到羞愧的事情。我们理性情绪行为疗法学院的客户最喜欢做的就是在地铁列车上或者火车上对着外面的站台大喊，告诉一个陌生人'我刚从精神病院出来，不知道现在几月份了'。用狗链拴着一根香蕉在外面遛，而且还喂它吃香蕉。"

"好的，仔细想想。试着做上述消除羞愧感练习中的任何一个，或者任何你觉得羞愧的事情。做完这些练习后，努力不让自己觉得羞愧或者尴尬，你就能够大大地帮助自己！"

正如我在上面提到过的，数万名理性情绪行为疗法的客户和读者都使用消除羞愧感的练习来帮助自己减少自我贬低的行为。你也可以试试，看看效果如何！

角色扮演

角色扮演技巧由 J. L. 莫瑞诺（J. L. Moreno）首创，雷蒙德·柯西尼（Raymond Corsini）和其他人发扬光大，理性情绪行为疗法也借用了这个技巧。但是在理性情绪行为疗法中，我们让它有了更不同寻常的一面。

你首先可以在行为上使用这个技巧，请一位朋友或者亲人扮演你的面试官、主管、老板、老师或者任何一个你觉得交流上有困难或者让你感到焦虑的人。你的合作者可以故意在面试的时候让你难堪，你也可以尽自己所能来得体地应对。表演一会儿之后你们停下来，让你的合作者或者其他观察者评价你的表现。一起讨论并且表演，看你能怎样改善，一直练习到你越来越好。这种形式的行为排练通常能起到很好的效果。

为这个技巧"锦上添花"的是，理性情绪行为疗法要求你观察自己的情绪，当你在表演中感到焦虑、抑郁或者愤怒的时候暂停表演，让你和你的拍档、观众看看到底是什么让你觉得难过。找到这些情绪背后的不理性想法，反驳它们，努力将这些想法变成有效的新理念，使你的烦恼降到最少。从这个角度使用理性情绪行为疗法的时候，你的角色扮演有了觉察自己情绪的一面，也比普通的反驳自己的不理性想法更加基于实践。这种形式的角色扮演能帮助你立刻找到一些让你觉得痛苦，但是通过别的练习又可能无法找到的感觉。它还能帮助你在这些感觉生起的同时立即对它们进行治疗，而不仅仅是在接受治疗疗程的时候或者经历了这些情绪之后才进行治疗。

反向角色扮演

如果你很难将自己不健康的、不理性的想法变成健康的、理性的想法，你也许可以和朋友或者同事试试反向角色扮演。表演之前，先将你的某个不理性的想法告诉你的搭档，例如，"我绝对需要约翰来爱我，如果他不能全心全意地爱我，我的生活就会很痛苦！"

然后你的搭档就一直坚持这个不理性的想法，非常坚决和固执，而你则试图说服对方放弃这个想法。一定要表演得像真的一样！你的搭档毫不让步，这给了你很好的机会去练习反驳自己的不理性想法。当你持续有力地反驳自己的想法时，你会发现有些想法是多么疯狂，观察到自己是多么强烈又荒谬地坚持着这些想法，学会如何让这些想法烟消云散。和上一个练习一样，在进行角色扮演的时候，你的搭档和一些旁观者（如果你是参加小组练习）可以评价你是如何反驳你搭档的（实际上是你自己的）那些不理性想法，并且给你建议一些你能够使用的更有效的方式。

幽默心态

对事物认真看待，尤其是对某个事物、爱好、活动产生严肃、深厚的兴趣，可能会让你极大地享受生活。然而，如果你把一切看得太严重的话，可就不是这样了！烦恼在很大程度上来源于将一切看得重要，然而夸大这种重要性，会陷入"必须"和"一定要"这样的思维方式中。例如，如果你说，"我很想要把科学或者艺术学得很好"，你就会督促自己在这方面努力，然后努力用功的时候也很开心，并且可能会帮助自己获得成功。但是一旦你直接跳到这样的想法，"我必须把科学或者艺术学好！"如果没有成功，你就会让自己觉得焦虑，可能反而学得更差。即使你还学得不错的时候，也会担心将来会退步；你也无法为自己的成就感到骄傲。

幽默能够帮助你消除这方面的烦恼。它让你不会把一切看得太过神圣，告诉你可以对自己的失败一笑了之。成功和被他人认可的确重要，但却不是最重要的。当你失败或者被拒绝，以为一切都完了的时候，幽默会告诉你这不是世界末日，还是有很多有趣的可能性存在。如果有什么东西能够赶走你的自大，让你重新意识到自己只是有缺陷，但是却活得有价值的人类，那就是幽默。幽默会以一种全然接受、宽容的方式让你笑对自己的缺陷。

所以，不妨看看你做过的那些所谓蠢事的另一面。看看自己的过分努力，反而无法享受努力的过程。看看自己将一些事看得太过严重有多么傻，不论你看到的是你的错误、其他人的失败，别人对你不好，甚至是你愚蠢地带给自己的无穷无尽的痛苦。

尤其要嘲笑自己的完美主义。作为人类，你就不可能是完美的，当然也许偶尔在做某一两件事的时候可以完美。但是不顾一切地时时想要追求完美，也就是将一切看得太重要，这也是很值得一笑的。

相信自己能改变别人，其实一般你是无法做到的；同时又坚持你改变不了自己，而这是你通常能够做到的一件事（如果你真的努力），想想这多具讽刺性！

我 15 岁的时候就开始写歌，因为当时我觉得大部分流行歌曲的歌词都很简单，又有点儿笨拙，尤其是那些盲目的乐天派。你对 X 小姐或者 Y 先生的浓烈的爱肯定不可能一辈子不变，他们也不会疯狂地爱你直到永远。当你的爱人离开你（或者不幸死去）的时候，你可能会一辈子爱她或者记得她，但你最好别愚蠢得要自杀，尽管有不少歌手都告诉你应该那么做。爱情和性也许真的是世界上最棒的事情，至少在某一段时间内是。但是它们可不是世界的中心。生活中还有很多值得开心的事情，有很多理由值得你活下去，为你自己和他人的快乐做出贡献。

从 1943 年起我就发现，拿客户的一些不理性的想法（当然不是有这些想法的人）开一些善意的玩笑经常能够帮到他们。尤其是在每周我的几个理性情绪行为疗法小组治疗上，我发现拿几个客户的问题开玩笑，用幽默的方式将它们进行夸张能够让气氛变得很轻松，并且帮助他们意识到自己将某些事情的重要性夸大到了何种程度。

1976 年在华盛顿特区举办的美国心理学会年度会议上，我发表了一篇关于幽默和心理治疗的演讲。我决定在演讲中加入几首我写的与理性幽默有关的歌曲，并且将它们事先录制下来。没想到，我的播放机临时出了故障，我只好用我那可怕的男低音现场进行演唱。出乎我的意料，我的歌很受欢迎，尽管我唱得不好。所以，从那以后，我都会在绝大部分的讲座和工作坊里演唱其中一些歌曲。在阿尔伯特·埃利斯学院的心理诊所，我们会给新客户一个歌单，这样他们在感到焦虑的时候可以给自己唱一首抗焦虑的歌，在感到抑郁的时候可以给自己唱一首抗抑郁的歌，等等。

以下是一些当你将生活中的某些东西看得太重要的时候，可以唱给自己的与理性幽默有关的歌。

抱怨、抱怨、抱怨
伴奏：借自耶鲁大学合唱团团歌或者哈佛大学校歌

我的愿望都得不到满足，

抱怨、抱怨、抱怨！

我还是充满了烦恼，

抱怨、抱怨、抱怨！

生活中总有那么多的不如意，

命运一定要永远眷顾我！

少了一点儿我都不干，

抱怨、抱怨、抱怨！

完美的理性

伴奏：《缆车》 作曲：路易兹·邓察

有些人认为这个世界一定要有个正确的方向，

我也是！我也是！

有些人一点点的不完美，

他们都忍受不了——我也是！

因为我，我要证明自己是超人，

比任何人都强大！

要证明我有超人的智慧，

而且总是与伟人比肩！

完美，完美的理性，

当然，是只有我才有

如果我必须犯错？

我怎么可能还想要活着，

理性才是我的全部！

爱我、爱我、只爱我

伴奏：《胜利之歌》

爱我、爱我、只爱我，

没有你我会死！

喔，向我保证你的爱，

我就可以永远不会怀疑你！

爱我，全心全意地爱我——真心地、真心地！

努力，亲爱的。

如果你也要求获得爱，

我会恨你到死，亲爱的！

爱我，永远爱我，

自始至终，全心全意！

生活中将处处阴霾，

除非你只爱我一个！

用全部的温柔来爱我，

没有条件，永不放弃，亲爱的。

如果你爱我不够多，

我会恨你一辈子，亲爱的！

你为了我，我为了我

伴奏：《鸳鸯茶》　作曲：文森特·尤曼斯

想象你趴在我的膝边，

你只是看着我，我还是看着我！

然后你会看到，

我将会多么快乐！

尽管你恳求我，

你却永远得不到我，

因为我就是那么自我，

像一个神秘客！

我只向自己敞开，

我的心扉，亲爱的！

如果你敢不高兴，

你将失去我对你的关心，

因为我就是不能给你公平！

如果你想与我在一起，

你得将我放在掌心——

然后你会看到我是多么的开心！

多么希望自己没有发疯！

伴奏：《迪克西》作曲：丹·艾米特

喔，我希望自己还清醒——

理智得风平浪静！

喔，要拥有内在的平静，

是多么难寻！

但是我害怕我已命定，

是一个精神失常的人——

喔，我可不要疯狂得像我的父母！

喔，我希望自己仍然清醒！万岁！

万岁！

我希望我的大脑像天空一样澄明！

你看，我可以答应你变得清醒。

但是，天哪，我还是太神经！

Lyrics by Albert Ellis, Ph. D.

© by the Albert Ellis Institute, 1977-1990.

情绪烦恼 ABC

　　人类的感知、想法、感觉和行为都有自己的局限性，可能与初看起来不太一样。我们对事物的想法和观念造成了我们的偏见。我们通常无法准确地感知自己的情绪。甚至在不同的时间，我们对自己的行为也有不同的看法。如果你仔细观察过一场重要的审判中人们提供的证词，就会发现控辩双方的律师、目击者和几个陪审员对同样的事物却有着截然不同的看法，这使得要发现案件中的"真实"细节非常难。

当你对某事感到烦恼的时候，最好重新审视一下造成你的烦恼的ABC。以 A 为例，A 通常是造成烦恼的起因，即挫折，例如失败、没能获得认可，或者身体上的不舒服等。但是这些挫折在不同人的眼中可能会有很大的不同。如果你的某门课程没及格，你通常会将之视作失败。而你也可以认为自己成功了，尽管你的成绩没及格，但你学完了这门课，期末考试的时候有些问题也答对了，并且学到了不少知识。如果另一门课你得了 80 分，你也可以把它看作"可怕的失败"，因为你本来应该得90 分或者 100 分的。

挫折尤其难以定义，因为你对它们有偏见。假设你很想要一个孩子，但是你和你的伴侣现在患有不育症，有孩子的概率非常渺茫。你可以认为这个"事实"是不容置疑的，觉得你（或者你的伴侣）永远也不可能有自己的孩子了。但是你是不是获得了所有的数据，并且证明了你们没有机会，或者只有一点点机会，或者有较大的机会怀孕？

即使你和你的伴侣患有不育症，你非要把这件事看作是完全的损失吗？你能否将它看作是比较大的，或者甚至是不大不小的损失？你对于领养一个小孩的感觉是很好、很糟糕还是没感觉？你能否在例如幼儿园这样的环境中工作？因此能够天天接触到孩子们。你可以愉快地和朋友或者亲戚的孩子们玩耍吗？

显然，对于如何看待你生活中遇到的挫折，你是有选择权的。所以，每当你觉得焦虑、抑郁或者愤怒的时候，看看它们是不是真的是这样。看看你能否改变自己对这些挫折的看法，如果它们让你得不到满足，能否找到一些好的替代品。你还可以重新构建自己对于这些挫折的看法，看看它们是不是并没你想的那么糟。

贝翠斯很想成为一个注册会计师，但是总是无法通过资格考试，最后她得出结论说自己永远也考不上了。一开始，她觉得自己快崩溃了，想着干脆放弃会计，并且一想到这一点就极度抑郁。我帮助她找到了烦恼的起因，然后帮助她分析是不是真的不可能通过注册会计师考试了。显然，不是的，她还是可能再次参加考试并且获得通过的。

如果永远也当不上注册会计师，贝翠斯觉得自己就不能当一个好的会计师了。但是她工作得很好，她现在工作的公司也愿意留着她，不管她有没有注册会计师的资格。

贝翠斯还觉得如果放弃会计这个工作，她不可能再找到一个好职业了。但是我们帮她分析发现，她还能做好几个相关的工作，例如精算师。最初的几个疗程之后，贝翠斯开始以不同的方式来看待她生活中的挫折了。它们不再像她当初认为的那么令人绝望了。

当我们把注意力转向她的想法（B），即她的那些个必须考上注册会计师的想法。她很快意识到，她不一定非得完成这个目标。即使成不了注册会计师，她也能好好地当一个会计师并且活得很滋润。

在我的帮助下，贝翠斯又开始审视挫折带来的结果（C），也就是因为无法成为注册会计师而感到的压抑情绪。这些情绪肯定是不好的，但是她把事情变得更糟，因为自己的抑郁而更感到抑郁，相信自己是个一无是处的人。因为，第一，她没有成为注册会计师；第二，她还得了抑郁症。在我的指导下，她重新审视自己的抑郁，发现这件事确实很不幸，但她没必要因此而贬低自己。所以她努力做到在感到抑郁的时候仍然无条件自我接纳。她的努力终于得到回报，她不再因为自己的抑郁而感到压抑，也不再因为成不了注册会计师而感到抑郁！

贝翠斯的故事说明，你可以重新定义自己遇到的挫折、对于挫折的想法和因挫折引起的情绪。当然，你也可以过分乐观，甚至对于遇到的挫折感到开心。但这是有风险的！更好的办法是将挫折视作必须面对的挑战，这样想的话，你可以对挫折的发生感到某种程度的庆幸。几次注册会计师考试失败之后，贝翠斯终于学会了将它视作将来要想办法通过的考试，以及如果怎么都不能通过，也不会成为让她感到抑郁的挑战。她还将这个考试看作一种邀请，如果她愿意，可以去尝试新的职业。

在你还没有找到合适的办法摆脱挫折的时候，也可以将它们看作是一种必须征服、必须打倒、必须改变或者必须忍耐的挑战。如果你愿意去观察的话，它们几乎都有好的一面。例如，成不了注册会计师给了贝翠斯将时间和精力，让她能投入到其他追求上去。丢了工作给了你机会去找一个更好的工作，或者准备去尝试更有趣的工作类型。被刚刚认识的人拒绝给了你机会远离那些不喜欢你的人，赶紧离开那个人！

当你遇到的挫折是其他人对你不好或者不公平，你可以想想他们的意图以及他们这么做的原因。他们真的就是要让你痛苦吗，还是他们只是太在意自己的利益了？他们有没有发现自己真的对你不好，或者他们觉得自己的行为是公平、公正的？他们有能力对你好吗，还是他们根本就没有能力公平地对待别人？分析以上这些可能性，你还是可以保留对他们行为的看法，例如对你不公平或者很糟糕，但他们也许不一定怀有恶意。

例如，贝翠斯就觉得在上次参加注册会计师考试几个月之前，她去向老板请假，希望能有更多的时间学习，老板却没有帮她减免部分工作，这样对她很不公平。她对他的不公平很生气，直到她后来思前想后，意识到当时公司正陷入财务危机，根本不可能按她的要求减免会计工作。意识到这一点之后，她对老板的愤怒烟消云散，不再心心念念记着他对自己"很糟糕"，也更集中精力去学习了。

如果你需要轻松地应用理性情绪行为疗法解决你的情绪问题，你会发现最大的挑战是不让自己因为任何挫折而感到烦恼。也许你会发现，要拒绝因为小的麻烦感到焦虑或者抑郁相对容易一点儿。当你真的努力不让自己在大的挫折发生之前自寻烦恼（例如失去一份很好的工作或者一位近亲的过世），你会预先做好准备，并且接受这个挑战，只让自己感到非常失望和遗憾，但绝不是悲惨和抑郁。如果你真的让自己相信了，世界上没有什么是真正可怕的，无论它让你多么悲伤，拒绝让自己感到烦恼可以成为你活着的最重要的一点。你可以利用这种挑战帮助自己抵御任何不必要的痛苦，使迎接挑战变成最享受的一件事。

对于如何重新看待其他人冤枉你或者待你不公正，理性情绪行为疗法很棒的一点就是教你去寻找其他人持有的不理性想法，也许正因为这些想法的存在，才使得他们那么对你。上面提到过，贝翠斯重新分析了为什么老板拒绝给她更多的时间去复习准备注册会计师考试，那是因为当时他和公司都陷入了财务困难，给不起这个时间让她去做自己的事。但是，她还是觉得老板有点不讲道理，因为当时公司并没有真正破产，如果让她请几个星期的假，工作也不至于就多得干不下去了。所以，在我的帮助下，她开始问自己：“我想每天早点儿下班，老板没答应，他当时可能在想什么？他有哪些拼命要达成的不合理要求，以致表现得那么不近人情？”

她很快就找到了答案：“我觉得他对自己说的肯定是，公司的日常安排绝不可以被打破，如果我有几个星期不上班，不能处理那几个我最擅长的账户，对他来说就太可怕了。他一定是坚持认为他无法承受这个结果，如果我的客户因为没法像平常那样找到我而指责他，这会让他成为一个能力很差的人，让他感到羞愧。”

想明白了这一点，贝翠斯更能理解为什么老板不愿意让她请假去复习了；尽管她仍然对老板拒绝体谅她感到不高兴，她接受了他也有情绪问题这一点，并且对他的拒绝更宽容了。

所以，只要你感到有了烦恼，就检查一下烦恼中的 A、B、C 这三点，试着从更准确的角度来看待它们。它们常常有很多面，你的第一直觉也许并不准确，也不见得是结论性的。当你对它们有了更清楚的了解，就不会那么小题大做，觉得它们那么可怕，并且因为自己的烦恼而感到烦恼不已。

如果你的挫折真的很难去分析，那就承认它们确实是个问题，试着将解决这些问题看作真正的挑战，为什么不来看看解决这些问题到底有多难呢？

反驳不理性想法

当你（和其他人）在反驳自己的不理性想法时，经常能很快就学会怎么做，并且得到有用的答案。有部分原因是当你在反驳自己的那些想法时，问的都是些很普遍、很显而易见的问题，要是从现实、符合逻辑和实际的角度来看，这些问题的答案也非常明显。

例如，假设你坚持认为，"我必须获得琼（或者约翰）的爱，否则我就是个完全不值得爱的人，既不配、也得不到生活中任何美好的东西，我最终将找一个地方一个人待着！"你能很容易就发现自己的这个不理性想法，并且问自己，"哪里有证据表明我必须获得琼（或者约翰）的爱？得不到别人的爱怎么就让我成为一个完全不值得爱的人了？即使我是个不值得爱的人，怎么我就不配得到生活中任何美好的东西了？我怎么知道我再也得不到它们了？一个人待着有什么好处，会让我更可爱、更值得活着或者更快乐吗？如果我老是抱着这些不理性想法不放会让自己变成什么样？会帮我成功地赢得琼（或者约翰）的心吗？会让我不再焦虑和抑郁吗？会帮助我过上更快乐的人生吗？"

这些问题都很容易回答，所以向自己"证明"：你不一定非得赢得琼（或者约翰）的爱；没有赢得那个人的心，并不会让你成为一个不值得爱的人，或者让你无法获得人生的其他乐趣；这个宇宙间没有"配不配"这件事；你的焦虑和抑郁主要来自你那些消极的不理性想法。

很不错！但是我前面多次提到过，告诉自己那些有效的新理念不等于真正地相信它们。作为人类，你有能力用一种微弱的、心虚的方式告诉自己那些理念，同时却又强烈相信一些与之相反的理念。你也有这个能力鹦鹉学舌般地复制几乎任何积极的心理暗示，并且在向自己重复很多次之后还是不太相信。为什么你有这种能力或者缺陷呢？也许是因为你那些强烈的欲望和习惯使你无法进行理性地思考。因此，当你"明知道"自己的钱不够买那件你真的很想要的东西，你仍然让自己相信你有足够的钱，然后把信用卡刷爆，让自己陷入大麻烦。

例如，玛西娜告诉米伦说她只是把他当作一个好朋友，并没有爱上他，也不愿意和他一起生活。于是米伦告诉自己，他不应该再向玛西娜求婚，并且试着和别的对他有好感的姑娘一起出去约会。然而，他还是一心想着玛西娜是多喜欢跟他聊天，多喜欢跟他一起去文化展，还不断告诉自己总有一天她会爱上她，他们会有非常美满的婚姻。即使是玛西娜和别人结婚之后，米伦还是觉得玛西娜总有一天会和她丈夫离婚，然后发现米伦才是真命天子。他最后娶了近乎迷恋他的伊丽莎白，他作为伴侣表现得也非常完美，但是在内心里他还是不停想着玛西娜，这使他无法真正享受与伊丽莎白的婚姻生活。

最后我强有力地引导米伦（而且常常这样做），让他向自己证明玛西娜永远也不可能以他想要的方式来爱他，而他对她的执着也不会给他带来任何好的结局。于是，他虽然仍然很仰慕玛西娜，偶尔也会想到她，但已经不再告诉自己说有一天她会回到自己身边，并且幸福地和伊丽莎白生活在一起。实际上，他非常自责为什么自己没有早一点这样做。但是我帮助了他，只是批评自己的固执，却不要因此而瞧不起自己。

已经有好几个星期了，泰莉一直特别生气，就因为她在拥挤的地铁站被一个吧嗒吧嗒嚼着口香糖的少女气到了。她在治疗小组上一直坚持说这个姑娘"肯定早就知道我和其他人都被她烦透了，在这么拥挤的地铁里，她就不应该那么大声地吹泡泡然后啪地把泡泡挤破"。尽管泰莉对理性情绪行为疗法非常了解，也经常帮助其他成员找到他们的不理性想法，比如说当他们觉得有人对他们"不公平"的时候。但一开始，她并不能放弃自己对那个姑娘挥之不去的恼怒。我试了很多次都无法改变她的这种执念，一气之下，我逼她答应带一个录音机来，将那些令她生气的不理性想法录下来，然后非常有力地反驳这些想法，直到它们最终消失。

最初泰莉的反驳并不那么准确，所以一直固执地出现一些错误的想法：那个不懂礼貌的姑娘不应该那样做；她完全应该被赶下去，当然，得由泰莉亲自来做这件事。（在这个不理性的幻想最后，12 位德高望重的陪审员将判泰莉无罪，法官也对她的做法深表赞同，认为就应该好好教训一下这个没教养的小姑娘。）接下来的这周，泰莉有效地反驳了自己认为这个姑娘因为自己犯的罪应该被严厉惩罚的想法，但她的反驳很微弱，没有任何力量。她仍然很愤怒。在治疗小组的敦促下，泰莉第三次利用录音机来反驳自己的不理性想法，而且强迫自己以一种非常有力的方式，让自己的反驳达到刻骨铭心的效果。最后，在这个"可耻的"事件发生三周之后，她终于能够接受这个姑娘只是一个有缺点、会犯错的人，她只是做了一件错事，但是她仍然有权利快乐地生活下去。

从 20 世纪 70 年代起，我在数百位深受困扰的客户和治疗小组中使用过这个方法，你也可以使用这个方法，带一个录音设备，将自己的不理性想法录下来，然后强烈地进行反驳，不断重复这个过程，直到你真的说服了自己：这个想法并不理性，会带来不好的结果。直到你能将自己的要求变成强烈的愿望。直到你和你的朋友听过了你的录音，一致同意你的反驳足够有力，那些有效的新理念真的对你产生了脱胎换骨的作用，这时候才可以停下来。你也许会发现，一开始你没法说服自己相信那些现实的、符合逻辑的结论。你也许会发现你对这些结论将信将疑。如果你坚持下去，就能深深地相信它们，从而将那些烦扰你的感觉和行为变成健康的感觉和行为。

自相矛盾干预法

几位古代思想家，包括一些禅宗大师，发现人类总是在自相矛盾。他们拼命想要减少自己的烦恼，反而让自己更加烦恼。当你感到恐慌的时候，如果你不断强迫自己，"我不可以慌张！要是我慌慌张张的就太可怕了！我无法忍受自己这么慌乱！"结果你的慌张更强烈了，而且还持续了更长时间。为什么？因为这些不理性的想法在暗示你，慌张是不好的，表示你无法控制自己，如果你继续慌张，会发生很可怕的事情，例如死于心脏病、歇斯底里，或者最后进了疯人院。你的次级焦虑，即对于焦虑的焦虑，让你比刚开始感到烦恼的时候更恐慌；你对自己情绪的过度关注让你无法有效地处理这些情绪。

相反，如果你以一种自相矛盾的方式来看待自己的恐慌，可能会分散自己的注意力，慢慢明白你可以有效地应对自己的恐慌，相信即使继续感到恐慌，也不会有什么灾难发生。所以，假设你告诉自己，并且真正相信："我的恐慌确实存在。当我感到恐慌的时候我还活着！它表示我能够有很多不同的经历，通过体验恐慌，我能够获得应对它的很有价值的经验。"

这样想的话，首先，你会分散自己对于恐慌感的注意力。其次，你可能会享受这种恐慌感。再次，你可能不再会想着将发生什么可怕的事情。最后，你也许会意识到，如果能够成功应付眼下的恐慌，你就能应付生活中几乎所有的挫折。自相矛盾的想法和干预方法常有振聋发聩的作用，也能够使你不再将眼前的危机夸张化，并将你的注意力转回到解决实际问题和情绪问题上。

康妮对于自己的记性差感到非常抑郁。也许因为这个，她不能继续在中学教书，也没法通过研究生课程的考试，而只有拿了学位她才能涨薪。对于自己的抑郁情绪，她更是感到非常抑郁。常规的理性情绪行为疗法能帮到她一点儿，尤其是让她确信如果她的表现比以前差了一点儿，校长和同事们也不会抵制她。所以，她有了一定程度的改善，但还是会不断陷入抑郁之中。

康妮最终用到了几个禅宗故事中提供的方法，例如一心一意想着拍手掌的声音，或者当她拽着一个藤条吊在悬崖下马上要坠崖身亡的时候，专注于享受一个甜美的草莓。这些寓言故事转移了她的注意力。它们也教会了她，即使没有受到认可，工资永远不涨，即使是丢了教书这份工作，生活中还是有很多值得享受的事情。相信在不幸中仍然会有好事发生初看起来似乎很自相矛盾，但是她很快意识到这就是生活本身的矛盾所在，她可以利用这个道理来苦中作乐。

不要仅仅是因为自相矛盾法能让你从烦恼中惊醒过来才使用这个方法，你使用它是因为你看到了，尽管它们一开始听起来似乎是错的，但实际上却有自己的道理。这里有一个我们经常推荐给理性情绪行为疗法客户的例子：如果你害怕跟人在社交场合打交道，那么特地去找几个拒绝跟你做朋友的人。给自己留作业，一周至少找三个拒绝你的人。如果你这样做了，恐怕你不但不会害怕被拒绝，反而很享受。这次你不再将注意力放在被拒绝的"恐惧感"上，而是想着怎么去设法找更多的人来拒绝你，所以反而会被更多的人接纳。不仅如此，你会变得不再焦虑，在跟人打交道的技巧上也会有进步。当然，你也有了更多与人打交道的经验，发现即使被拒绝的时候也没有什么"可怕的"事情发生。

这个让你故意被拒绝好几次的建议看起来似乎很傻，但是它的目的是为了帮助你。你也可以设计几个能带来好结果的"坏"办法。提醒你：逼着自己被拒绝至少让你行动起来——想着做一些自相矛盾的事情通常会让你考虑冒一些风险，而且是你从来不会想要去冒的险。

如果你实在想不出一些能对你有帮助的自相矛盾的事情，读一些相关文献，例如奈特·邓拉普（Knight Dunlap）、维克多·弗兰克尔、米尔顿·埃瑞克森（Milton Erikson）和保罗·瓦兹拉威克（Paul Watzlawick）的文章。跟朋友聊聊如何设计巧妙的方法。跟擅长自相矛盾法的治疗师一起合作几个疗程。不要将自相矛盾干预法神化，把它当作一种试验，按照自己的实际情况灵活使用，如果你发现它没有效果就停止试验。

互助会、自助小组、工作坊和深度治疗会

情绪和体验技巧最适合集体治疗，例如互助会、自助会、工作坊和深度治疗会。弗里茨·波尔斯（Fritz Perls）、威尔·舒茨（Will Schutz）和我就设计了一些能在上述集体治疗中有效使用的体验式练习。在互助会上，你定期与一些跟你有同样问题的人见面，坦诚开放地讨论你对于自己问题的感觉，发现其他人是怎么处理这个问题的，有时候还能得到其他人的建议。在自助会上，例如嗜酒者互诚协会（Alcoholics Anonymous，AA）、恢复自助会（Rovery，Inc.）、理性康复自助会（Rational Recovery）、自我管理和康复训练自助会（Self-Management And Recovery Training，SMART），你经常跟一些有各种不同问题的人交流，这样能够帮助你敞开心扉，表达自己的感觉，并且接受自己的困难。在工作坊和深度治疗会上，组长们会使用一系列体验和思考练习帮助你参与、交流，说出自己的真实想法。

所有这些小组活动也许很有趣、能增长知识并且很有用，但是它们也有自己的缺点。我建议你不要成为一个盲目的追随者或者狂热的信徒，这样就会失去自己的思考和辨别能力。以下是这种类型活动的缺点：

- 互助会，例如，每个参与者都患有癌症或者失去了近亲，可能主要由不太理性的人组成，他们将自己的痛苦看得太过严重，会不断抱怨和哀叹自己的悲惨命运。如果你参加的互助会是这种性质的，

你可能发现它的害处大于益处。你最好退出，另寻一个互助会或者单纯依靠自己的努力。

- 有些自助会，例如嗜酒者互诫协会强调你的问题（酗酒）无法治愈，你必须终生定期参加小组活动，你需要某种神的力量来帮助你克服困难，你可能会陷入这样的小组活动中无法自拔，从而放弃了自己治疗自己的能力。

- 工作坊和深度治疗会一般受到组长的指导，他们对自己的方法深信不疑，也许是真心（或者没那么真心）想帮你解决问题。有些组长并非受过训练的专业人士，使用的方法可能过于情绪化，对你既有益也有害，也同时削弱了你自己治疗自己的能力。有的组长是盲目乐天派；而有的又太过霸道，希望将你一直置于他们的掌控之下。有的工作坊和深度治疗会只是赚钱的工具，会试图哄骗你花上几千美元来"清理病灶"或者"治愈"。在加入这样的小组活动之前一定要仔细调查清楚，对他们使用的一些方法适当持保留态度。不要过分沉迷于任何一个小组。利用他们提供的方法帮助自己，但不要成为盲目的追随者。在报名参加之前，读一读温蒂·卡米娜（Wendy Kaminer）的《我不是正常人，你也不是》（*I'm Dysfunctional，You're Dysfunctional*），看看有些小组活动会带来怎样的危害。

记住人类所有烦恼的根源就在于那些不理性的极端要求。所以，看看你参加的那些小组有没有助长你的这些不合理的想法和行为。如果是这样，在寻求他们的帮助之前请理性地慎重考虑一下。

第12章

行动的力量

当我首次对自助解决自己的情绪和行为问题感兴趣时，我读了大量哲学和心理学方面的书籍，包括行为心理学的先驱伊凡·巴甫洛夫（Ivan Pavlov）和约翰·华生（John B. Watson）的作品。这些作家，以及很多宗教流派的领导人，都指出行动胜于言语。如果你想要改善自己的想法、感觉和行为，得让自己首先在行为上进行改变，即使这样让你很难受。为了摆脱那些对你有害的习惯，你得在行为上建立新的、更好的习惯，并接受和享受这些习惯，向自己证明，不管遇到多大困难你都能够改变。

所以，为了克服我对在公众面前演讲的恐惧，以及之后根除我对与女性交往的巨大恐惧，我迫使自己去做一些我害怕的事情，在19岁的时候我就几乎完全治好了这些恐惧症。到了这个时候，我已经完全沉浸于哲学，尤其是关于快乐的哲学研究，我意识到我才是自己痛苦的缔造者，我有能力改变自己的想法，从而同时改变自己的行为。所以我同时做了两件事：我告诉自己，羞于在公共场合演讲不是"很可怕"，只是一件很麻烦的事；我强迫自己克服心理上的不适，在一大群听众面前讲话，当然第一次肯定很不舒服。之后我又很肯定地告诉自己，如果那些我觉得很合适的女性不愿意跟我去约会，我只会觉得有挫败感和失落，但不表示我是一个"烂人"，我不用因为她们的拒绝而感到抑郁。

由于我在自己身上所做的试验，以及在克服公共演讲和社交恐惧症方面取得的成功，我甚至写了一本名为《让自己快乐的艺术》（*The Art of Not Making Yourself Unhappy*）的书稿，那个时候我才 20 多岁，还没有决定要成为一名治疗师。我没能找到愿意出版书稿的出版商，1965 年学院搬到新址的时候又遗失了手稿。但是书里的想法和治疗方法我后来整合到了理性情绪行为疗法中。

那么你呢？作为一个生来就有积极思考、感受和行为的人类，你肯定也有这样的能力。我在本书以及我在 1955 年以来发表的所有作品中一直在强调，你可以通过改变自己的想法、感觉和行为来帮助自己，因为它们相互关联，互为因果。到目前为止，在本书中我已经强调了思考和感觉技巧。现在我将介绍一些你能够使用的行为方式。它们不会自动并永远地改变让你感到烦恼的想法和感觉；但它们肯定能起到很大的作用！

尝试冒险

很多事情，例如爬山或者批评你的老板，都是真正危险或者将会给你带来危害的。你对它们的恐惧是理性的、合理的！你之所以活着并且感到快乐，正是因为你小心、谨慎，对于某些行为的不良后果会感到担忧。你也许会放弃、调整或者改变自己可能会采取的行为。这样的例子还有，在过马路时小心地四处张望，跟老师、老板和警察说话时注意自己的言辞等。

然而，有些迟疑和放弃显然是不理性的或者对自身有害的。例如，不愿意去参加工作面试，避免在与朋友聊天时说出自己的心里话，或者因为害怕被枪击而不敢在白天走在路上，这些都是愚蠢的逃避行为，只会给你带来麻烦或者剥夺你享受的机会。你最好想想自己的这些行为，承认它们实际上也有某些害处，但是同时也要认识到限制自己的这些行为作用不大，也许会给你带来更多的危害而非好处。

好的，但是你仍然有逃避做某些事情的习惯，让你显得有些畏缩，什么也不敢干。然后呢？

如果你能积极反驳自己那些对于所谓"危险"行为的不理性想法，你会强迫自己做些你不敢做的事情。当然，你可以让自己慢慢来，将这种行为带来的不适降至最低。例如，你可以慢慢地开始在街上走走，试着和别人去约会，参加工作面试，或者跟一帮朋友在一块时大声地说出自己的想法。你这样做的频率越高，你就能做得越好。

例如，卡尔就很害怕去参加工作面试。他觉得自己的表现肯定很糟糕，会在面试官面前显得手足无措，常常会被拒绝，会因为自己的焦虑和被拒绝而无情地斥责自己。在读了几本理性情绪行为疗法方面的书籍后，他偶尔会试着去参加工作面试，但在面试的时候仍然无比焦虑。由于他的失业救济金很快就要花光了，他很（合理地）害怕为了生活将不得不动用自己的存款。所以他强迫自己在1个月之内参加了20次面试，甚至是当他觉得根本就没资格获得这份工作也肯定得不到的时候。

事实上，这些面试没有一个成功，即使他的资历够了，还接到了两个通知他参加第二轮面试的电话。但是这些失败却让他开始强烈地相信之前他不太相信的一件事：即使被拒绝了，也没有什么大不了的。通过一次次面试，他获得了宝贵的经验，并且让自己的面试技巧有了很大进步。他甚至开始享受面试的过程，例如在面试官明显刁难他的时候勇敢迎接挑战，完美地回答问题。

一个月之后，卡尔终于得到了一份工作。尽管工资比他的理想水平要少点儿，但在卡尔看来已经足以暂时解决他的经济窘迫问题了。接下来的几个月，卡尔一边工作，一边继续参加面试，而且是条件更好的工作的面试，最后他成功了。他开始给一些朋友提供如何参加工作面试的建议，还告诉他们，利用理性情绪行为疗法可以帮助他们克服焦虑，变得享受这些面试，并且改善自己的技巧。

你也可以跟卡尔一样。最开始可以先找到你的哪些行为或者逃避行为是有害的，因而是愚蠢的。你有没有害怕一些无害的、有用的和愉快的事情，例如体育运动、和别人打交道、过桥或者在公众面前讲话？如果是这样，将这种逃避行为的不利之处以及克服内心恐惧后获得的快乐各列一个单子。用这些单子来告诉自己，不管过去发生过什么不愉快，例如在公众面前讲话却遭到嘲笑，都不一定是可怕的或者糟糕的，尽管它们确实令人不舒服。告诉自己，你确实失败过，但也挺过去了，所以你一定能够再次挺过去。你要看到，绝大部分失败，如果它们发生了，也都不会造成伤害。告诉自己，你的逃避只会让你更加害怕"危险的"行为，而非减少了恐惧，因为你会告诉自己类似这样的话，"如果我进电梯的时候它停住了，我连几分钟都受不了！我会吓死的！"

让自己相信，逼迫自己做那些你一直在逃避的事情可能一开始确实会很难受，但这种难受是你能够承受的，并且你对它的耐受能力会一点点提高。如果其他人因为你做得不好而贬低你，那在很大程度上是他们的问题。你不会因为自己的某些不好的行为而贬低自己。你的那些恐惧是人类本能的一部分，很多人也会害怕一些别人看来不该害怕的东西。接受自己的缺陷，永远不要因此而瞧不起自己。

换句话说，找到导致你那些逃避行为的不理性想法，强有力并且坚持不懈地反驳这些想法，直到你修正或者放弃了这些想法。此时，让自己冒险，没错，去冒险做这些你害怕做的事情，一边做一边观察自己的想法和感受。看看自己是不是一直在无意识地重复那些不理性想法，以及这些想法有多么愚蠢。仔细观察一下自己的内心独白，看看你是如何给自己增添了很多不必要的烦恼。和其他人聊聊，注意观察他们也和我们有相同的不理性想法。看看他们的不理性想法是多么愚蠢，甚至帮助他们来改变这些想法，同时还要坚持反驳自己的不理性想法。

针对自己的恐惧症和极端的逃避行为采取实际行动。告诉自己，你肯定能够做到；在你的恐惧减少或者完全消失之前，一直迫使自己重复那些行为。我们一直开玩笑地告诉接受理性情绪行为疗法的客户，如果他们因为做自己害怕的事情而不幸辞世，我们会给他们办一个非常可爱的葬礼，鲜花什么的肯定不会少！当然，你死不了，但是如果你不做这些"令你感到害怕"的事情，你的生活真的有一部分会死去。

不要为了避免做些"可怕"的事情而故意找些"容易"的事情做。例如，你会坐很久的公共汽车去上班只为了避开"可怕的"地铁。或者你也许会告诉自己，你喜欢待在家里看书而不愿冒险和别人出去约会之后再被"残忍"拒绝。自己判断一下，你愿意做的事情是不是退而求其次的选择。如果是这样，强迫自己停下来。或者，我待会会讲到，在做了一些你害怕去做的事情之后再做这些令你愉快的事情。因此，冒着被拒绝的风险出去跟别人约会之后再待在家里看一本你喜欢的书。

关键是一定要不断冒着让自己感到不舒服的风险，直到你对做这件事情没有任何抗拒，然后你就可以真正享受之前让你感到害怕的事情了！

尝试做一些你以前从来没有体验过的事情也是同样的道理，例如品尝食物和其他"毛骨悚然的体验"。如果你害怕吃生蚝，那就强迫自己吃一次，没准儿你就会喜欢上这种美味，成为你最享受的美食之一。如果你害怕或者很烦学开车，那就逼着自己去学车，你会发现开车是你最享受的生活方式之一，并且为你展开了一个美丽新世界。

所以，做自己害怕做的事情，而且最好是尝试很多次。也许这么做不是驱散你内心恐惧感的万用灵药，但我敢打赌对你会有很大的帮助！

强化技巧

著名心理学家斯金纳（B. F. Skinner）是行为疗法之父，他曾指出，如果一件事情你明知对你有益，却很不愿意去做，你可以强迫自己在做那些更容易或者更愉快的事情之前去完成它，从而改变你的这种拖延症。如果你需要每天必须花 1 个小时的时间在某个项目上，你又在不断拖延，可以答应自己每天做些你喜欢的事情，例如阅读、健身、跟朋友聊天，但一定是你花了 1 个小时的时间在这个很艰巨的项目上之后才能去做。

当你读到这里的时候，不妨也使用这个技巧，给自己一个必须完成的任务来帮助自己改变。如果你对某件事情怀有很大的心理包袱，例如害怕坐电梯，或者读完这本书，你可以让这个任务完成得更加愉快，例如在任务完成之后允许自己做一件真的喜欢，如果没做会觉得怅然若失的事情。给自己这种奖励不会让你去做你逃避的那件事情，但至少会推着你朝那个方向走，让那个任务看起来似乎简单多了，并且让你完成任务的可能性大大提高。

当你逃避做一件对你有益的事情时，你也可以评估一下由此带来的惩罚。小孩子们通常很不喜欢惩罚，有时候甚至故意去做些他们明知道会被惩罚的事情。你也可以做一个固执得愚蠢的小孩子；如果是这样，你可以看看你对自己说了什么引起了自己的抵抗情绪。例如："我不应该因为任何我不愿意主动去做的事受到惩罚。我会等到我真正想要去做的时候。没人能逼我去做不喜欢做的事情！让他们等着瞧吧！"

这种孩子气的抵抗也是一种极端要求，你在要求自己必须只做真正想做的事情，不可以被逼着做不喜欢的事情，即使从长远来看，这件事情对你有好处。你可以反驳自己的这种叛逆想法，然后放弃孩子气的抵抗。

然后，你也许会发现自己在抵抗做一些不能立即看到收效的事情。

如果是这样，你可以建立一种惩罚机制。如果你不愿意做那些有益的事情，比方说健身、减肥、反驳自己的不理性想法或者克服某个恐惧症，你可以强迫自己吃难吃的食物，与很无聊的人待在一起，或者做些很烦人的家务（例如刷马桶）。

当然，要执行这个惩罚其实挺难的。你的低挫折承受能力可能会要求你不准做麻烦的事情。不管它们对你多么有益。所以，你可能会拒绝接受你因为没有完成艰难的任务而给自己设定的惩罚。当你不愿意做对自己有好处的事情而犯了错时，你也许得请朋友或者家人帮忙监督你接受惩罚。

如果你对酒精、毒品或者香烟等严重成瘾，要不断强迫自己放弃，奖励机制可能不太有效，因为你获得的快乐可能根本抵不上从这些东西中获得的快感，至少暂时看来是这样！如果你的惩罚制订得很具体，并且有合理的程序确保惩罚一定会被执行（例如一旦你不愿意自己执行，就让你身边亲近的人帮助你执行惩罚），那么严格执行的惩罚可能会有用。

有些行为主义治疗专家建议使用极端惩罚。例如，如果你每天都酗酒又很想戒掉，你可以强迫自己在每次犯戒的时候都给自己不喜欢的项目捐款，或者毁掉你读过的一本书。我也经常告诉我在工作坊中的听众，如果你想戒烟，你可以在每吸一口烟的时候将烟头伸进嘴里（作为惩罚），你也可以每次把一张20美元的钞票送给陌生人（这也是一种惩罚）。看看你还能继续吸多久！

我要再次强调，这类型的惩罚措施在实施之前可能需要有其他人监督。这里有个关于杰妮的例子，她所使用的方法就很有效。杰妮吸大麻成瘾，一直很难戒掉。她发现了一个让她很厌恶的组织——三K党。杰妮给他们写了一封信，说她是多么欣赏他们的努力，还在信里附上了100美元现钞。然后她将信交给了她最好的朋友兼室友安娜贝尔。杰妮告诉她，只要自己吸了一口大麻，安娜贝尔就要把信寄给三K党。在安娜贝尔寄出了三封装着钱的信并且表示还将继续下去之后，杰妮终于戒掉了大麻。

强化措施、惩罚肯定能帮助你改变不良行为，然而，它们却不见得能帮助你改变你的不理性想法。因此，我建议你多种方法同时使用，并在此基础之上找到你的不理性想法。对它们进行强有力的辩驳，将这些不理性的想法变成积极的愿望。

刺激控制

当你对某种物质或者行为成瘾时，即使你跟自己赌咒发誓说不会再犯，但因为有某种刺激物或者刺激条件的存在，你还是会沉迷其中。例如，你在酒吧里喝的酒肯定比在讲堂里喝的多，如果你经过了一家烘焙商店，你买的点心肯定比不经过那家烘焙商店买的多。你可以对这些刺激你上瘾行为的条件施加某种程度的控制。例如，不让香烟出现在你家；冰箱里放的全是低热量食品；远离酗酒、嗑药的狐朋狗友；选一条不会经过烘焙商店的路。

刺激控制似乎不是从容地解决你的成瘾问题的方法吧？从某种程度上来说，确实不是，因为如果你允许自己处于充满诱惑的环境而仍然要抵制诱惑，你就得付出更多努力来克服你的低挫折承受力，并且改变那些导致你挫折承受能力较低的不理性想法。然而，你尽可以同时完成这两件事：反驳你的不理性想法，同时实施一定的刺激控制。

查尔斯吃得特别多，其中还包括高热量食品，医生警告他说他已经超重，血压也过高。他特别喜欢和朋友们去一家很好的餐厅吃午饭，结果每次都是吃得很多，吃完了还要再享受一顿丰富的甜品。为了改变自己的贪吃，他强迫自己放弃在外面吃午饭的习惯，自己带午饭到公司，要么在办公室里，要么在旁边的公园里吃饭，就是不让自己去那些食物做得很好吃的餐厅。作为消除羞愧感的练习，他甚至想出了一个办法，就是有时候和朋友们去一家口碑很好的餐厅，但只点咖啡或者减肥苏打水，然后吃从家里带来的食物，而他的朋友们却在一旁吃着在餐厅里点的食物。他逐渐习惯了这种做法，内心的羞愧感也慢慢消失了，由于减肥得当，他也不再那么拼命地想要获得别人的认可，其中包括他的朋友们和餐厅的老板！

和其他理性情绪行为疗法的方法一样，刺激控制可以单独使用，也可以和反驳你的不理性想法以及其他思考方法同时使用。尽管这不是一个可以轻松地帮助你治疗成瘾的方法，但它也有实际的用处，并且能够在特定的情况下帮助你。

暂停策略

你可以利用暂停策略来帮助自己，尤其是如果你将它们和更有理论高度的方法一起使用。"暂停"指的是停止你陷入烦恼中的想法、情绪和行为，重新考虑你的处境，给自己一点时间做出改变。当你对朋友和亲人生气，而且他们也正因为你而生气的时候，这招尤其管用。如果任事态发展下去，你们很可能会因为被气愤冲昏了头脑而相互辱骂，做出一些愚蠢的行为，让彼此的愤怒升级。使用暂停策略（当然如果能在争吵发生之前就使用更好）的时候，你们同意花20分钟或者更多的时间相互分开或者同时冷静一下，保持沉默，仔细想想发生了什么，然后再继续你们之前的谈话。

然而，如果你是一个人陷入了某种困难，也可以使用暂停策略。以唐纳德为例，他对自己的邻居非常不满，因为他们的聚会总是吵吵闹闹地持续到半夜两点，他打电话过去请他们小声点儿，结果对方完全置之不理，即使在警察来看过之后仍然毫无顾忌地继续制造各种噪音。唐纳德自然会觉得他们对他太不公平，他们不应该对他这样，这种行为一定要被制止，好让他安安静静地睡会儿觉，第二天才能正常地去上班，继续做他的审计师。他对邻居的吵闹愤怒不已，血压也一下升高好多，这对他来说可是有点危险。他不停地干傻事，例如冲着邻居破口大骂，连着几天给他们打骚扰电话，他甚至还想到请个杀手把他们都干掉，但也只是想想而已。

唐纳德意识到，他最好做点什么让自己冷静下来，并开始使用理性情绪行为疗法来分析他对邻居的那些不理性的要求，以及如何让这些要求变成强烈的愿望。在这方面他做得相当好，但是每几个月就会又陷入愤怒之中，又开始了想着怎么除掉那些可恶的邻居等失去理智的行为。有一次，他还打了邻居家那几个十几岁的男孩子，差点为此进了监狱。还有一次，电信公司停掉了他家的电话，就因为他不停地打骚扰电话，结果他不得不想办法在自己的公寓又装了一部电话。

唐纳德曾经发誓，每次陷入暴怒的时候，不管待会儿要干什么，他都要暂停15分钟，躺下来全身放松，什么也不做，就是全力让自己冷静下来。这些对他来说很有帮助，但效果也只是暂时的。很快，或者第二天，他又开始怒气冲冲，骂骂咧咧，或者做些蠢事。所以在暂停的时候，他又加入了反驳自己不理性想法的内容，语气强烈地告诉自己，他的邻居就应该这样对他不公平和不体谅；他能够忍受他们的无礼行为；他甚至可以有愉快的心情，如果邻居家又开始吵吵闹闹，他要做的就是戴上耳机享受音乐。当他开始把这些理性的想法灌输给自己时，唐纳德发现他有好长一段时间都没怎么发脾气了，当邻居家又传出喧闹刺耳的声音时，他只是对他们的行为觉得心烦意乱，既没有怒气冲天地咆哮，也没有下决心不计一切代价也要阻止他们。

所以，单独来看暂停策略还是挺管用的，但是如果你了解了自己为什么会有那些极端的想法，又想要摆脱它们，那么你可以更有效地使用这个策略，但前提是你要努力改变自己那些不合理的要求以及因此而产生的烦恼情绪。

技巧训练

理性情绪行为疗法和其他有效的心理治疗方法一样，致力于帮助你减少烦恼，不管你的生活中发生了多么令你讨厌的事情。但是，我在第9章的解决问题部分曾经提到过，它也能帮助你解决生活中的实际问题。当你在生活中的某些领域缺乏技巧的时候，比如体育运动、跳舞、社交往来和找工作，你的生活就会遇到不少困难。一旦你冷静地意识到了自己在这些方面存在的不足，就可以通过技能训练让你的生活增添一些快乐和成就感。

在人际关系这方面，最有用的技巧之一就是使用非命令式、冷静、自信的语言。一方面，你可能太没有底气或者太被动，因为你害怕会被拒绝，得不到你想要的东西，然后就"证明了"你就是个废物，或者"显示了"你就是得不到自己真正想要的东西。在这一方面，你有一种近乎绝望地想要获得认可的需要，或者你认为必须让自己的愿望得到满足。你可以通过发现自己的不理性想法，将它们减至最低来解决这个问题（真正的情绪问题）。但是你可能仍然缺乏一些技巧来获得自信。

另一方面，你可能喜欢要求别人顺从你，所以会以一种大叫大嚷、愤怒的方式来说话，这样只是让别人对你敬而远之，反而让你更得不到想要的东西。所以，你通常会有一种傲慢的要求，觉得别人都必须听你的"话"，如果他们做不到就表示他们不是好人。如果你的情况是这样，找找你那些内在的和外在的不合理要求，将它们转变成一种愿望，让自己自信而不是咄咄逼人。

一旦你将自己的想法从需要变成想要，从坚持认为人们不准打扰你、让你做些你不想做的事情，变成希望他们最好别那样做，你可以学一些这方面的技巧。找一个好的心理治疗师，参加一些有用的工作坊，阅读相关书籍或者听录音，这些方法都能够帮助你获得一定的技巧。

你也可以在一些心理治疗、课程、工作坊、书面和录音资料中获得其他技巧。有些技巧，例如弹钢琴或者打网球，会让你的生活更加愉快。而有些技巧，例如沟通和人际关系方面的技巧，则会帮助你改善与同事和朋友的关系。当然，你不一定非得变成哪一方面的专家，但是如果你发现自己缺乏某些重要的技巧，你可以进行一些训练。然而，首先不要因为缺乏这些技巧而看不起自己。你越因为自己不自信，缺乏沟通或者其他方面的技巧而看不起自己，就越剥夺了自己取得进步、积极参与训练的机会。

我们再回到两大重要的情绪问题上来：自我贬低和低挫折承受力。当你缺乏技巧的时候，如果你能特别利用理性情绪行为疗法来获得对自己的无条件接纳，同时通过艰难的技巧训练来获得高挫折承受能力，你就能学到比你感兴趣的技巧多得多的东西。

这就是获得更大快乐和更少烦恼的主要途径。

第13章

自我价值的实现

绝大部分心理疗法都至少有两个目标：首先，帮助人们减少他们的烦恼；其次，鼓励他们获得更多的快乐和自我价值的实现。理性情绪行为疗法一直专注于从这两个方面帮助人们。在1961年首次出版的《理性生活指南》一书中，罗伯特·哈勃（Robert Harper）和我指导了读者如何解决他们的问题，以及如何获得我们所说的"极具吸引力的兴趣"和其他获得自我价值实现的方法。

试着让自己对自己以外的某些人或者某些事产生极大的兴趣。你生来就有一种强烈的爱别人和想要被爱的倾向。其他人通常和你有着良好的互动，因为你和他们都是社会动物。儿童、青少年和绝大部分成年人都会自然而然地爱别人和想被别人所爱。即使是在最不浪漫的文化背景中，我们一生中也会"疯狂地"爱上至少几个人。而且我们大部分人也爱我们的家人、伴侣和密友，一种不是爱情的爱。为什么？因为爱别人是我们的天性。

对于物质、目标、项目和事业的追求有它的益处，也能够提高我们的生活质量。例如，你可以让自己醉心于某种体育运动，从事某个职业，创办一个企业或是政治团体。这种兴趣有时候也许比爱一个人更持久。最理想的情况是，你既能爱人又能爱事业。如果你让自己花很长一段时间去追求某个兴趣，你就能获得心理学家契克森米哈（Csikszentmihalyi）所说的一种心流（flow），你将获得极大的乐趣。

如果你在寻找一种能极大吸引你的兴趣或人，最好找那种能真正吸引的人或者事物。如果你为家人、为某个事业或者某个有益的职业奉献了一切，这种行为确实很高尚。但作为一个有个人思想、品味的人，你也有权利"自私地"投身某个爱好，例如收集硬币或者修复古董车，尽管这些爱好相对来说没有什么"社会"价值。如果你能从中得到真正的快乐，你也能够成为一个更好的公民，对这个社会不会有什么危害。

投入到一个有挑战性、长期，而非简单、短期的项目中去。你也许很快就学会了一些简单的游戏，例如下西洋棋，然后发现它挺枯燥的。要写一本全面介绍西洋棋历史的书可就难多了，得花上不少时间！所以你最好选一个长期目标，例如写小说、进行科学发明或者成为一个忙碌的企业家。

顺便提一句，如果能在你选定的兴趣上获得成功固然很好，但是不要认为你必须成功。摆脱你的那些不理性想法，然后你会发现投入其中本身就让人很快乐，即使没有获得成功。

还有，这个感兴趣的领域不一定非得是偶然想到。你可以四处寻觅，让自己先在某个领域试一试，然后坚持一段时间看你是不是真的被它吸引了。在付出真诚、长时间的努力之前不要轻易放弃。如果你还是没有觉得非常兴奋，那就再四处找找，在别的领域再试试，选一个不同的兴趣。当然你也不必终生只有一种兴趣。你可以在每个兴趣上花上几年的时间，然后再换一个，几年后再换一个，当然前提是你活得够长！

即使你有一个主要兴趣，也可以尝试将它发展一下，也许会催生出别的兴趣。让自己的爱好、朋友圈以及其他活动多元化，能够比只单纯禁锢在一个领域让你对生活有更大的热情。

早在 20 世纪 50 年代，鲍勃·哈珀（Bob Harper）和我就认为心理疗法能够增加人们的快乐、减少烦恼，现在我们仍然这么认为。亚伯拉罕·马斯洛（Abraham Maslow）和其他社会心理学家们，包括鲁道夫·德瑞克斯（Rudolf Dreikurs）、早川（S. I. Hayakawa）、卡尔·荣格、阿尔弗雷德·柯日布斯基、罗洛·梅（Rollo May）、卡尔·罗杰斯、特德·克劳福德（Ted Crawford）和其他人，多年来一直在积极地赞同自我价值的实现，它是人本心理学和存在心理学中一个重要概念。

这是不是意味着要过上幸福的生活，你就必须有一个终生追求的爱好呢？不是的！每个人都不一样，甲之蜜糖，乙之砒霜。事实上，每个个体是如此的不一样，有些人一辈子只是在海滩上捡捡垃圾就已经很健康、很幸福了。当然也许这样的人数量并不多，但是肯定有这样的人！

当你感到烦恼的时候，是很难实现自我价值的。你深陷在焦虑和抑郁的情绪中，你的目标本身也许就已经对你很不利了，例如一种对事事成功近乎偏执的需要。有这样一种"需要"肯定会引起你极大的兴趣，你一辈子都为了满足这种需要而忙忙碌碌，但却感觉不到快乐！实际上，你可能会沉迷于一些对你有害的行为中，因为你感到有某种力量驱使着你，使自己沉迷某种执着、强迫症和恐慌中，只为了不让自己无事可干或者感到无聊。有时候烦恼也有强大的吸引力！因为如果赶走了烦恼，你的生活就不刺激了，所以你没有赶走烦恼的动机！

但是这样做值得吗？太不值得了！对你有害的愉悦感能让你有能力去寻找更大、更好的快乐，并且努力获得这种快乐吗？不太可能！它们常常让你沉迷其中，没有时间或精力去想着怎么让自己更快乐。由于烦恼的存在，你总是无法实现能让自己获得满足感的目标。

自我价值的局限

实现自我价值有局限性吗？实际上是有的。很多批评家，例如莫里斯·弗莱德曼（Maurice Friedman）、马丁·布伯（Martin Buber）、克里斯托弗·拉希（Christopher Lasch）和布鲁斯特·史密斯（Brewster Smith）都曾指出，马斯洛对自我价值实现的阐述太过个人化，失去了社会属性，它在很大程度上忽略了人类是社会动物的事实，如果人们只是关注自我价值的实现，则可能会破坏社会集体的最佳利益。强调集体利益的阿德勒（奥地利精神病学家和心理学家）派心理治疗师肯定不会去鼓吹自恋倾向。

肯尼斯·格根（Kenneth Gergen）、詹姆斯·希尔曼（James Hillman）、爱德华·桑普森（Edward Sampson）和其他评论家们也注意到了实现自我价值主要是西方的概念。有些亚洲文化和其他文化强调集体主义，将集体置于个体之上。实现自我价值理念的其他批评者们也指出，因为实现自我价值包含着对目标的寻找，当你想要取得进步的时候，你对这个目标了解更多，并且会改变目标。这和理性情绪行为疗法的理念不谋而合，因为理性情绪行为疗法认为，你最好将自我目标的实现看作一个试验性的、不断变化的过程。

不要忘了，即使当你主要为了集体目标而非个人目标奋斗的时候，这仍然是你的个人选择；在这种意义上说，你仍然有个人的意志和决定权。不仅如此，人类的生存与个人目标、集体目标都有关。除非每个人都在努力活下去并且感到快乐，还能帮助其他人达到这个目标，否则人类可能就要灭亡了。

作为一个独特的人，你有权利选择实现个人价值。如果你这样选择，可以考虑努力实现下一节描述的各种目标，大部分心理治疗师，包括使用理性情绪行为疗法的治疗师都对这些目标持肯定态度。仔细思考一下这些建议，但我的意见是不要机械地选择其中一种。这些目标都能够帮助你获得心理上的健康，让你不容易产生烦恼，同时使你获得更多的幸福和快乐。

自我价值的潜在目标

不落俗套和个人价值。你可以成为一个有独特个性的人，"做你自己"。这个目标和与集体和谐共处、维护社会利益的目标相互契合。放下非此即彼的观念，以更加包容的态度对待集体和个人利益。当你为了合理的个人目标和在性、爱情、婚姻、职业和生活领域自由选择奋斗的时候，不要固执地认为你的道路才是唯一"正确"的道路；鼓励其他人选择他们自己的道路。

社会利益和道德信任。前面提到过，为了实现自我价值，你最好既致力于自己的目标和价值观，同时也接受你是社会的一员这个事实。如果纯粹为自己的利益着想，可能你会危害所在的这个集体，也可能会危害整个人类。努力做你真正想做的事情，但也要为其他人树立好的榜样，帮助别人，使人类受益。

自我意识。要生活幸福，没有什么烦恼，你需要认识到自己的感觉，并且坦然接受这些感觉，无论它们是正面的还是负面的，而且也不一定非要改变负面的感觉。但是对于大部分的恐慌和愤怒情绪还是不要张扬，尽自己最大的努力去消除这些情绪。你要努力改变自己以及周围的环境。早川这样说过，"了解自己"，但也要意识到你对自己的了解是多么少，不断努力发现你真正想要和不想要的是什么。

接受模棱两可和不确定性。实现自我价值，也意味着接受模棱两可和不确定性，以及生活和世界上某种程度的混乱。我在1983年曾经说过："情绪上成熟的人都会承认，就目前所知的而言，我们生活在一个充满了可能性和机会的世界中，这里没有（也很可能不会有）绝对的必须。我们能够容忍自己生活在这样一个世界里，而且从冒险、学习和奋斗的角度来看，这样的生活是精彩和愉快的。"

宽容。让自己心胸开阔。接受事物之间的相同和差异，注意到相同名字的事物之间也有不同。不要狭隘地认为所有的树都是绿色的，所有的教育都是好的，或者所有现代艺术都很浅薄。情绪上成熟的人对待知识的态度非常灵活，他们愿意接受任何改变，也会对各种各样的人、思想以及世界上各种事物持有不偏执的态度。

坚持和内在的享受。鲍勃·哈珀和我在《理性生活指南》中写道，你在实现自我价值的过程中，享受的是自己的目标（例如，工作）和娱乐活动（例如，打高尔夫球）本身，而非一种实现人生终极目标的手段（例如，工作是为了挣钱或者打高尔夫是为了身体健康）。但你还是会致力于长期的、有吸引力的兴趣，而不仅仅是短时间的快乐。

创造力和原创性。亚伯拉罕·马斯洛、卡尔·罗杰斯、早川、罗洛·梅和其他作者都指出过，成功的人大多（尽管不是百分之百）更有创造力，更积极革新，更有原创力。因为你不是迫切需要别人的肯定，也无须向权威低头，你有自己的方向而不是以别人为导向，更灵活而不是唯命是从，你寻求的是个人真正喜欢的、解决问题的原创答案，而不是"应该"遵循的规矩。

以自我为导向。当你在情绪上是健康和快乐的，你会诚实地面对自己和他人。由于完全独立于他人，只是偶尔会向别人寻求支持和帮助，在很大程度上你是自己规划和主导自己的命运（当然，是在一定的社会规范下）。你不会急于需要外部的支持来"确保"你做的是"正确的"事。

灵活性和以科学为指导。路德维希·维特根斯坦（Ludwig Wittgenstein）、罗素、卡尔·波普尔（Karl Popper）、巴特利（W. W. Bartley）、格列高里·贝特森（Gregory Bateson）和其他科学哲学家们都已向我们展示，科学不仅使用实证主义和逻辑来检测它的假说，同时在本质上是开放的、不教条的、灵活的。理性情绪行为疗法强调，你的烦恼在很大程度上就是源于那些僵化、教条的绝对要求。如果你能够怀疑和挑战自己的那些不理性需要，将它们转化成愿望，你将有能力减少自己的烦恼，实现更多的自我价值。

无条件自我接纳和接纳他人。保罗·田立克（Paul Tillich）、卡尔·罗杰斯和其他社会思想家都曾强调无条件自我接纳和接纳他人的重要性。理性情绪行为疗法从一开始也是这么做的；麦克·伯纳德（Michael Bernard）、保罗·霍克（Paul Hauck）、珍妮特·沃尔夫（Janet Wolfe）、大卫·米尔斯（David Mills）、汤姆·米勒（Tom Miller）、菲利普·泰特（Philip Tate）、罗素·格里格尔（Russell Grieger）、保罗·伍兹（Paul Woods）、我以及很多理性情绪行为疗法的作者都曾说过，只要你能学会从你的目标和目的这两个角度来评估自己的想法、感觉和行为，同时拒绝以偏概全地评价"自我""价值"，或者"存在"，你就能让自己不再产生烦恼，实现自我价值。理性情绪行为疗法也鼓励你无条件、不带任何偏见地接纳别人，同时仍然可以评估他们的想法、感觉和行为。

冒险和试验。实现自我价值通常意味着一定程度的冒险和试验。尝试不同的任务、愿望和项目，只为了发现你个人想要的和不想要的是什么。即使可能会有打击和失败，你也可以不停地冒险，最大程度地体验生活。

长期的享乐主义。享乐主义是一种寻找快乐、逃避痛苦和烦恼的生活哲学。它似乎对于人类的生存和人类价值的实现是必需的。短期享乐主义，"吃、喝、玩、乐，今朝有酒今朝醉，反正不知道明天是不是还活着"有自己的意义和局限性。因为明天起来你可能因为宿醉而头痛欲裂！或者因为心脏病发而撒手人寰！为了更充分地实现自我价值，努力争取既能获得今天的巨大快乐，也能获得明天的快乐。

以上的所有目标既有我自己的愚见，也来自大部分使用理性情绪行为疗法的治疗专家。因为它们传达了我们的观点，即如果你想要减少烦恼，增加获得更大幸福的可能性，这些目标对你来说也许更好。其他治疗师通常对于这些目标其中的一些持赞成态度。有些研究也表明，当人们在追求这些目标的时候能得到更好的生活，尽管我们可能还需要更多的科学研究来支持这些目标和价值观。

考虑一下沿着上面指出的方向寻求自我价值的实现，并拿自己的人生做一做试验。上面那些方法可能会有真正的缺陷，特别是当你的追求走向极端的时候。你很容易就失去对分寸的把握，变得太想得到你真正想要的东西，忽略了其他人，受到别人的憎恨，也伤害了你所在的群体。从长远来看，你也许会因此而毁了自己。

另一个危险是：如果你太用力地追求自我价值的实现，结果将它定义成了赢得别人的赞许，你可能会致力于追求"他们"想要你做的，而非你自己真正想要的。当人们加入各种邪教时就是这样的情形。如果你让自己陷入那样的邪教中，你会忠心耿耿地以你的首领或者教主的目标和利益为先。不要太盲目地追求自我价值的实现！它可能会给你带来生命危险。

所以，如果有能力的话，努力不断实现自我价值，但是认真思考你的真正的自我价值是什么。最好的口号也许是：尝试、冒险和充满精彩的旅程。一定要让自己在情绪上变得更健康、更快乐，有更大的满足感。这些目标通常相互作用。但是一定要仔细地评估你选中的目标，当你对它充满了疑问，或者它给你带来了伤害的时候，一定要毫不犹豫地放弃。

关于自我价值的实现，我再说最后一句：对于实现自我价值的执念不会有助于你实现它。想要完全或者完美地实现自我价值可能会对自己有害！即使是在好的领域，极端主义也可能带来备受质疑的结果。

第14章

总结：如何获得快乐

让我将你的想法做一些总结。在本书里，我主要谈到了以下三点。

一、在很大程度上，你的烦恼来自你有意或者无意地以不理性的方式思考，产生了不健康的负面情绪，然后又以消极的方式行事。所以，幸运的是，你能够主动改变自己的想法、感觉和行为来消除烦恼。如果你能够坚定、坚持不懈地利用理性情绪行为疗法中的主要技巧，你能极大地减少自己的烦恼，也就是说减少焦虑、抑郁、愤怒、自厌和自怜，而且能够持续一段时间。请按照本书中介绍的方法不断地进行练习。它们既不是灵丹妙药，也不能产生奇迹，但肯定对你会有帮助！

二、每当你有了消极的想法、感觉和行为的时候，持续使用理性情绪行为疗法能显著地减少你的烦恼。也许你将很难再产生烦恼，一旦你感到了烦恼，它们也能帮你解决情绪上的问题。

三、如果你的目标是让自己不再轻易自寻烦恼，如果使用了第7章、第8章介绍的一些方法，你就给了自己更大的机会去完成这个目标。对于这个目标一定要思路清晰、全力以赴！

我们再回到第7章提过的主要目标，拥有意志力来改变自己的行为。

要下定决心，同时获得支撑这个决心需要的知识，然后以决心和知识为
基础来改变自己的行为。

本书从头到尾一直在强调，你是一个有着复杂思想、感觉和行为的
人；因此理性情绪行为疗法给了你诸多在这几个方面获得成长的方法。
然而，显然你自己的想法或者说理念才是你改变自己的关键因素。因为
即使你努力去改变自己的感觉和行为，也必须先有这个想法，再去策划
应该怎么做，并且不断计划和安排如何去改变。

所有性格上的改变似乎都有不少关键的认知上的因素。（心理治疗师
和咨询师可以阅读我面向专业人士的一本书：《更好、更深入、更持久的
简明疗法》。）以下是对此的一个总结。

- 首先，你最好充分意识到你改变的可能性。

- 其次，你最好选择一个目标，决定去追求这个目标，决心去采取行
  动，然后推动自己去实现目标。

- 再次，在努力改变的时候，你要检验自己的进步，就如何继续（或
  者停止）做决定，观察你是否取得了成功，策划新的可能采取的
  步骤，推动自己去执行计划，观察随之而来的结果，反思你是否
  达到了目标，调整某些目标，再计划，再行动，然后不断循环。

- 你也可以思考、选择、调整、试验性地尝试和评估你帮助自己改
  变的方法。改变自己的感觉和行为（以及想法）涉及无数认知（思
  考）过程，无法简单地在思考的过程中或者仅仅由思考完成。当
  你做出改变的时候，要经历无数的思考过程；当你做出深层次的、
  巨大的改变时，有些反思是至关重要的。

为了让自己变得不容易自寻烦恼，你最好做出深层次的人生观上的
改变。有时候你可以省去思考这个环节，或者至少你就认为你可以！例
如，如果你加入了某个宗教或政治团体，你的感觉和行为可能突然就有

了很大的不同！但是，这样的变化能够发生，是因为你决定了要接受你选择的这个团体的理念，并且努力追随这种理念。如果你由于溺水或者重病几乎死去，你也会让自己成为一个"新人"。但是，我还是要说，很显然是你自己决定做出这种改变，思考如何改变，并且推动自己采取新的生活方式。

可是我们为什么要做这种没什么自主意识的改变呢，为什么不主动找到自己的目标，主动了解如何才能精准地达到目标呢？让自己不容易产生烦恼就是最重要的目标之一。为什么不听取本书提供的建议，利用自己的头脑来达到这个目标呢？

你能够靠自己的力量减少烦恼吗

目前还没有严格受控的对照实验能够证明，有哪一种特定的方法可以减少你的烦恼。我在第 6 章提到过，很多实验已经显示心理疗法的客户，尤其是那些接受了理性情绪行为疗法和认知行为疗法的客户，有了显著的改善，而且是在短短的几个月里发生的。某些研究也证实，客户在治疗结束后的两年甚至更长时间里有了长期稳定的改善。但是我也说过，这些研究还无法完全证明客户是如何不再轻易自寻烦恼的。

假设你确实能够让自己不再轻易自寻烦恼，你能依靠自己的力量做到吗？我的答案是：是的。因为我已经与几百个成功做到这一点的人交谈过了。他们有的接受了我的治疗，有的接受了其他使用理性情绪行为疗法的治疗师的治疗，但有的几乎没有或者从来没有接受过心理治疗，只是自己阅读和收听与理性情绪行为疗法相关的资料，同时依靠自己坚持不懈的努力。他们大部分人被诊断为一般性的心理失调，有一些有严重的人格障碍，还有几个甚至被诊断为精神病，并且在精神病院住过一段时间。

我确信，这些人在使用理性情绪行为疗法之后，情绪问题有了很大改善，不再那么容易滋生烦恼。其中有几个人在康复之后还曾经历过重大的挫折，例如失业、破产或者严重的事故和疾病。但是他们能够在逆境中泰然处之，并没有因此而感到烦恼。当然，我们也不必不带丝毫怀疑地来看待他们治愈自己情绪问题的故事，但我还是愿意相信他们的进步。只是关于这些靠自己的力量自助治愈的案例，我们需要更多的受控对照实验来提供更多有说服力的证据。

与《理性生活指南》一书数千名读者之间的通信往来也让我相信，不管有没有接受过心理治疗，他们中有很多人在阅读这本书后取得了非凡的进步。另外一些读者，尽管数量不庞大，但仍然可观，他们也帮助自己显著地减少了烦恼，他们的成功同样令人印象深刻。

多年来我自己的观察、我所主持的讲座和与数千人的通信，这些让我深信，人们可以通过阅读心理自助书籍帮助自己改善心理问题，例如阅读罗伯特·艾伯提（Robert Alberti）、麦可·艾蒙斯（Michael Emmons）、艾伦·贝克（Aaron Beck）、麦可·布罗德（Michael Broder）、大卫·伯恩斯（David Burns）、格里·埃莫瑞（Gary Emery）、温蒂·德莱顿、亚瑟·弗里曼（Arthur Freeman）、保罗·霍克、保罗·伍兹和其他一些理性情绪行为疗法和认知行为疗法方面有影响力的心理学家的书。因为，我曾经在本书中提到过，其他一些研究者，如约翰·帕德克（J.T. Pardeck）和斯塔克（S. Starker）也指出过，心理自助书籍能给读者和听众带来很多好处。例如：

- 实际上，与接受治疗师的治疗或者参加自助小组相比，很多有情绪问题的人从阅读中获益更多。
- 其他从阅读中获益不多的人发现收听或者收看影音辅助资料让他们极大地帮助了自己。
- 大量接受治疗的人通过同时使用自助书籍使自己得到更大的改善。

- 很多人没有时间、金钱或者意愿去接受心理治疗，因此他们只能选择书面或者视听辅助资料，他们也从这些自助资料中获益良多。

- 通过使用学习资料，结束了治疗的人能够预防自己再次陷入烦恼之中。

- 觉得不好意思接受治疗或者丢面子的人，或者因为某些原因没有接受治疗的人也能从自助资料中获得帮助。

- 不能接受常规治疗，但是参加类似嗜酒者互诫协会、恢复自助会、理性康复自助会、自我管理及康复训练自助会和女性戒瘾互助会（Women for Sobriety）等互助会的人，经常能够通过自助书籍和磁带获得改善。

当然，这并不意味着使用心理自助书籍就没有缺点。缺点是有的，例如：

- 使用这些资料的人得不到准确的诊断，很多人认为自己有问题，例如注意缺陷障碍或者多重人格障碍，但实际上他们并没有，所以可能因此而受到一些伤害。

- 很多自助产品的出版主要是为了赚钱或者提高作者的声誉，这些资料可能没有作用甚至有害。

- 有些出版物，尤其是与所谓灵性科学有关的，不鼓励读者接受心理治疗，尽管这些人能够受益于心理治疗。相反，它们鼓励读者参加一些宗教组织或者怪异的组织，对他们反而有害无益。

- 有些自助书籍给所有的读者和听众完全相同的建议，如果不能按照实际情况有取舍地使用，它们也许能够帮助一些人，但对另一些人却是帮了倒忙。

- 这些资料很少经过受控的对照实验的测试，所以无法证明它们对于使用者是否有效。这些资料的出版商更感兴趣的是尽快将它们销售出去，尽快获利，而不是这些资料是否有临床上的价值。

因为上述原因，你最好提高对心理自助书籍和疗法的警惕，尤其是那些广告做得声势浩大的。对它们进行试验，使用的时候小心谨慎一点，看看它们是不是真的对你有用。如果可以的话，和专业人士以及其他使用过这些书和疗法的人聊聊。认真地将它们视为心理治疗的辅助工具，同时参加一些专业人士开设的课程和工作坊。（本书最后的参考书目中列出了我建议阅读的、合适的理性情绪行为疗法和认知行为疗法的自助书籍，有星标显示。）

理性心态

任何人，包括你，能够完全治愈自己的所谓情绪烦恼吗？不太可能。你和这个世界上的其他人一样，都很容易让自己陷入烦恼之中。当然你不会故意这么做，但却是经常这样！我在本书中也一直强调，你也有天生的解决实际问题和情绪问题的能力，当你在做出愚蠢和消极的行为时，你可以改变自己的想法、感觉和行为。你能够很好地做到这一点，让自己不再轻易陷入烦恼之中。

但这也并不意味着你从此完全没有烦恼了。如果你真的完全没有了烦恼，就意味着如果生活中发生了不幸，你连一些健康的负面情绪也没有了，例如悲伤、后悔、挫败感、不快等。这样你还能好好地活下来吗？估计不太可能！

即使我们说的是将所有不健康的、不利于自己的情绪，包括恐慌、抑郁和自厌等全部去除，你能有多大的机会做到？很渺茫。这意味着你必须快速、自动并且经常在遇到挫折的时候理智、冷静地处理。你能经常做到这一点吗？完美地做到这一点？根本不可能！

接着往下说：你再也不会陷入烦恼之中。例如，当你的亲人或者同事激怒了你的时候，你可以意识到他们只是有缺陷、会做错事的人类

(但不是完全坏透了的人)，原谅他们但不是他们犯的错误，你对他们的行为很不高兴，但拒绝怪罪他们。很好。但是当他们对你或者其他人很不公平的时候，你永远、永远、永远不会再生他们的气吗？很难。

所以，如果努力使用本书中介绍的一些方法，你可以让自己不再轻易自寻烦恼。但这并不表示你就再也不会有烦恼了。因为你还是一个有缺陷的人类。如果你将理性情绪行为疗法中的某些主要方法教给你的亲人、朋友、同事和认识的人，你就能够帮助他们减少烦恼，让他们不再那么容易陷入烦恼之中。但要记住，并不总是这样，只是有时候。

其他人，也许包括你，还有一些其他方面的局限性。例如，有的人智力有限，和别人相比，他们更难进行冷静的思考以及解决一般问题。还有少数人智力上有严重的缺陷，生活无法自理。这些人经过大量的训练后能够有很大进步，但是就如我在第2章中提到的那样，还是存在一定的局限性。

还有很多人在情感上有一定的缺陷。有的人有精神病，例如精神分裂症或者狂躁症。更多人有严重的人格障碍，或有间歇性精神病，但生活能够自理，有时候表现也很正常。这样的人还包括有严重抑郁症、强迫症、心理变态、分裂性人格、边缘人格以及其他人格障碍的人。

理性情绪行为疗法认为，绝大部分有严重人格障碍的人生来就有某种生理上的缺陷。他们本来就有在思想、感觉和行为上无法正常行事的缺陷，通常又因为环境因素导致这种倾向更加严重。他们的智商有过高或者过低的问题。他们在情绪上也容易反应过度或者反应迟钝。他们可能会在行为上过分冲动或者有强迫症。一般来说，他们大脑中的神经传递素，例如血清素等无法正常工作，或者他们有其他类型的生理机能失调。如果你出现了人格障碍，可以在经过诊断后得到药物治疗，例如服用抗抑郁剂或者镇静剂。

如果你或者与你关系很近的人出现了严重的人格障碍，有效的心理治疗能够起到作用吗？答案是肯定的。事实上，有严重人格障碍的人最好接受一定数量（有时是大量）的心理治疗，有时候可能还需要药物治疗。他们很多人只有在接受了一定的治疗之后才能正常地生活和工作。

那自助治疗呢？有严重人格障碍的人，即使无法完全治愈，也经常从自助会、互助团体、宗教和社会团体以及心理自助资料中获得极大的帮助。嗜酒者互诫协会、恢复自助会、自我管理及康复训练自助会经常能给他们很大的帮助；不夸张地说，数百万人在有效的自助手册、书籍、影音磁带和其他资料的帮助下有了很大的改善。实际上也有很多因为这样或者那样的原因接受了心理治疗的人同时也从各种各样的自助渠道中获得了帮助。

所以，如果你和你的亲人、朋友或者熟人正受到严重的困扰，一定要尝试心理治疗、药物治疗、自助会和其他形式的治疗。先做做尝试，看看效果，再坚持下去。尽可能接触各种形式的治疗方法，然后努力使用这些方法。如果一开始并没有成功，继续尝试，再尝试！要寻求准确的诊断。承认自己出现了问题，无条件自我接纳。从你的医生那里获得指导，进行试验，也许还要接受药物治疗，直到发现对自己有效的疗法。要进行密集的心理治疗，就这一点你同样可以做试验。不要放弃。不要说你无法改变。只要你肯承认你觉得要改变很困难。

为了减少自己的烦恼，并且让自己不再轻易自寻烦恼，你能够尝试我在本书中一直倡导的轻松的解决办法吗？当然可以。你的烦恼越多，就要越努力，花的时间也会更长。一定要坚持不懈、强有力地与内在的那些倾向做斗争，将自己反应过度或者反应迟钝的行为模式打破，改变那些关于自身缺陷的不理性想法，因为就是它们构成了你严重的人格障碍：首先，是在思想、感觉和行为上的缺陷。其次，是关于这些缺陷的不理性想法或者认知上的扭曲。

我们用一个例子来证明这一点。例如，假设某人有身体上的残疾：

豁嘴、跛脚和先天性耳聋。与天生没有缺陷的人相比，有这些缺陷的人生活更加困难。更糟糕的是，他们还因为残疾遭到谩骂、嘲笑和鄙视。当然，他们中的有些人会残酷地责骂自己，而不仅仅是他们自己的表现。除了身体上的残疾，他们还让自己对于自己的残疾倍感烦恼。结果情况变得更糟：他们的情绪问题加重了他们的身体问题，使他们变得更加残疾。

有严重人格缺陷的人通常也会有同样痛苦的经历。他们知道自己在智力、情绪和行为上存在缺陷，他们也悲叹于自己的缺陷。他们也知道他们比其他人有更多烦恼，因为他们的生活就是更加艰难。在很多情况下，他们知道别人对他们有歧视，因为他们的"缺陷"而瞧不起他们。结果是，他们（和其余的人类一样）对于自己的人格障碍经常烦恼不已。第一，他们因为自己的缺陷感到很丢人。第二，他们因为自己异乎寻常的困难而感到无比恐惧，从而导致对于挫折的承受能力较低。第三，他们可能会归咎其他人，热衷于扮演受害者，剥夺了自己改变的机会。

维农是一个重度强迫症患者。每个重要的（通常其实是不重要的）决定他都要检查20遍甚至更多！如果他要关灯、锁车或者关水龙头，他都要重复很多次，直到他对自己的手法感到真正满意。这些琐事消耗了他大量时间，他常常意识到这么做很蠢也完全多此一举，但就是不能让自己停下来。尽管他是个很聪明的人，本来可以顺利地从大学毕业，但是最终他只拿到一个专科文凭，当了个小职员。

维农很恨自己近乎"白痴"的行为，他充满了愤怒，觉得生活"太艰难"，绝对不应该让他有如此大的缺陷。所以，他花了大量的时间咒骂自己，抱怨自己的缺陷。他的自我贬低和低挫折承受力使他患上了重度抑郁，结果他的生活比原来只有强迫症的时候变得更加悲惨。他住在怀俄明州，所以没办法到纽约来和我进行面对面的交流，但是他想办法进行了一些电话心理治疗，并且读了几乎我写的所有心理自助书籍。

　　我们每个月进行两次电话交流，经过了 20 个这样的疗程和几次面对面的治疗后，维农开始全面接受自己的强迫症。起初他对自己的重度强迫症完全无法容忍，不停地抱怨这"太不公平了"。但是，当他看到自己对于挫折的低承受力几乎和他的强迫症一样对他不利时，他开始努力改变自己，让自己只是觉得非常遗憾和失望，但不夸大自己的缺陷。他将自己的缺陷看作一个需要克服的挑战，而不是令他抱怨、让他感到"恐惧"的事物。在一个正规疗程结束的时候，维农变得比我的绝大部分客户更能接纳自己，并且对挫折也有了高承受力。然后他再利用这个高承受能力来努力减轻他的强迫症，直到每次只检查两三遍，而不是 20 多遍，因此每天给自己省了 2 个小时的时间。他决定重回大学，选修计算机专业，生活也比从前愉快得多。

　　如果没有接受心理治疗，只是使用理性情绪行为疗法的自助资料，维农能取得同样的效果吗？这一点我们肯定无法得知。但是像维农那样有严重问题的客户需要接受的电话治疗的次数，肯定比他的 20 次要多。维农自己要求结束电话治疗，只是偶尔有需要的时候才跟我联系，因为他使用理性情绪行为疗法的书籍和影音资料后取得了很大的进步。我们在 3 年前结束了正规治疗，在这 3 年间，他只接受了我的 6 次额外电话治疗，其余时间他从自助书籍中获益良多。

　　很多人也没有接受正规治疗，他们只是跟我通信，与我在世界各地举行的讲座或者工作坊中短暂地见过面，他们也只是使用了理性情绪行为疗法的自助方法，他们告诉我，他们的重度人格障碍得到了很大的改善。当然，他们有些人也许夸大了自己的情况或者进步。但是我深信，很多受到严重困扰的人能够从自助书籍中获得帮助；有些似乎获得了深刻的、人生观上的改变，极大地减少了自己的烦恼。

巩固和提高通过自助治疗获得的进步

1984 年，就理性情绪行为疗法的使用者如何巩固和提高通过治疗获得的进步，我写了一篇文章。阿尔伯特·埃利斯学院发表了这篇文章，为很多客户带来了帮助。以下是我这篇文章中的主要观点，你在自己的自助治疗中也可以用到。

巩固进步

当你使用理性情绪行为疗法取得进步后，如果你又陷入了过去那种焦虑、抑郁或者自我贬低的情绪中去，试着找出过去到底是哪些想法、感觉和行为曾经使你取得进步。如果你又感到抑郁了，赶紧回忆你之前是如何利用理性情绪行为疗法减轻了自己的抑郁。

例如，你也许记得，当你工作或者感情失败的时候，你并没有因此而认为自己一无是处，你也并没有把自己当作一个可怜的废物，仿佛你这辈子再也无法成功了。你可能曾经逼着自己去找工作或者跟合适的人约会，然后让自己看到，你的确能够做得到，即使在那个时候你还是感到有些焦虑。你也许曾经使用过合理情绪想象技术来想象可能发生的最不幸的事情，让自己对这个不幸感到非常的抑郁，然后努力让自己只是感到遗憾和失望，而没有那些消极的、不健康的抑郁感。提醒自己你改变了哪些想法、感觉和行为，以及哪些想法、感觉和行为帮助了你改变。

不断思考和回想那些理性的想法或者积极的心理暗示，例如，"成功当然很棒，但是即使失败了，我也完全能够接纳自己并且过得很愉快！"不要只是简单地鹦鹉学舌，而是一遍遍地仔细琢磨，直到你真正地理解并且得到了它们的帮助。

如果你又陷入烦恼之中，要不断发现自己的不理性想法，并且以现实为基础对它们进行反驳："我必须要成功才能认为自己是一个有价值、值得活着的人吗?"或者用逻辑来反驳自己:"如果某个任务失败了,这就表示我会一直失败下去吗?"或者从实际的角度来进行反驳:"如果我相信我绝对不可以感到挫败或者被拒绝,会给我带来什么?"

只要你发现自己又像过去一样开始感到烦恼了,就要坚持不懈地、强有力地反驳自己的不理性想法。甚至是当你表面上并没有不理性想法的时候,也要意识到你的潜意识里还是有这些想法的存在,将它们找出来,然后作为一种预防措施来对它们进行有力的反驳。

当你对某件事情感到恐惧,而这种恐惧又是不理性的时候,一定要尝试这些事情,例如坐电梯,与人进行社交来往,找工作或者进行创意写作。一旦你克服了一部分这种消极的恐惧感,继续尝试直到你将它完全消灭。当你强迫自己做一件本不应该害怕、却又害怕的事情时,你会感到不舒服,但是不要试图逃避,否则那种不舒服的感觉将永远困扰你。你要做的就是让自己不舒服,这样你的低挫折承受力将发生改变,你会让自己渐渐有真正的、持久的舒适感,并能够真正喜欢你在做的这件事。

当挫折发生的时候,你要分辨什么是健康的负面情绪,例如伤心、遗憾和挫败感,以及不健康的负面情绪,例如恐慌、抑郁和自我厌恶。当你产生了烦恼,一定要意识到你的烦恼来源于一些极端的不理性要求。找到你的这些要求,将它们转变成一种愿望。不要放弃,直到你通过使用合理情绪想象技术或者其他理性情绪行为疗法,真的将自己的烦恼转变成了有益的负面情绪。

避免只会坏事的拖延症。最先并且最快完成对你有用但不讨你喜欢的任务,一定要今天完成!如果你还在拖延,可以奖励自己做一些你喜欢的事情,例如吃好吃的东西、读书或者跟朋友出去玩,但是一定是在你完成了一直在拖延的任务之后。如果你还在拖延,那就严厉地惩罚自己,例如每次愚蠢地拖延之后就罚自己跟一个很乏味的人聊天一个小时或者送给陌生人一张 100 美元的大钞(选一个会让你心碎的大数目!)

告诉自己，不管你经历了什么样的不幸，你都能够将它视为一种有趣的挑战或者真正的冒险，同时保持情绪上的健康，让自己在合理的限度内感到快乐。将消除自己的悲观情绪当作生活最重要的一方面，一个你下定决心要完成的目标。

记住，还要不断应用理性情绪行为疗法的三大重要理念。

理念1：你怎么想，就有什么样的感觉，所以在很大程度上当你遇到挫折的时候，是你自己控制了自己的感觉。

理念2：你过去的那些负面想法和习惯主要来自周围的环境和你内在的生理倾向，并且现在你还在有意识或者无意识地保留着它们，这就是你烦恼的根源。你过去的生活和现在的环境，以及你先天的性格，对你有很重要的影响。但是你现在的人生观，你一次次展现出来的对人生的态度，才是你现在烦恼的主要根源。

理念3：要改变你的性格和强烈的自寻烦恼的倾向，没有一蹴而就的魔法。只有通过努力和练习（是的，努力和练习），你才能改变那些不理性的想法，消极的情绪，以及自暴自弃的行为。

一定要稳稳当当地，而且是理智地找到给你带来快乐、不会造成伤害的兴趣。找一个能够长期吸引你、对你有着巨大吸引力的兴趣。将精神的健康和真正的快乐作为人生的主要目标。要做一个以长期幸福而非短暂的快乐为主要目标的快乐主义者。

和几个了解理性情绪行为疗法、能够帮助你记住并且回顾这种疗法要点的人保持联系。告诉他们你的问题，让他们看到你如何使用理性情绪行为疗法来解决自己的问题，看看他们是否认同你使用的方法，是否能够向你提出更多、更好的建议。

试着将理性情绪行为疗法教给那些愿意让你帮助他们的朋友和亲人。你越经常地在别人身上使用这种疗法，清晰地看到他们的不理性想法和自暴自弃的行为，试着帮助他们改变，就越能理解这种疗法的主要原则，并且自己使用。当你看到其他人有消极的行为，不管跟不跟他们聊起这事，你都可以试着找出他们有什么样的不理性想法，他们如何能够积极有力地辩驳自己的不理性想法。

坚持阅读理性情绪行为疗法有关的书籍，收听、收看相关的影音资料。用这些资料来提醒自己，让自己好好利用理性情绪行为疗法的理念和行为方式。

应对退步

接受你的退步，如果它发生了，是很正常的一件事。接受它并且了解到几乎所有人在取得一定的进步之后都会回到原来的状态中，为自己的想法、感觉和行为而感到烦恼。将它作为你的缺陷的一部分。不要因此而贬低自己，如果你又犯老毛病了，不要有消极的羞愧感和绝望感。不要认为你必须完全自己应付，你可以接受一些治疗或者跟你的朋友谈谈你的问题，这是对的，也是勇敢的做法。

当你退步了，试着清晰地看到你的行为确实让自己觉得失望，但你并不因此就是个坏人或者烂人。这个时候尤其要回顾理性情绪行为疗法的重要原则，即只对自己的想法、感觉和行为做出评判，绝不要评价自己，自己的价值，自己的本质或者自己的全部。不管你退步得多么厉害，努力做到无条件自我接纳。全盘接受自己软弱、愚蠢的行为，然后努力改变这种行为。

回到理性情绪行为疗法中的 ABC，找到自己的那些不理性想法，所有包含必须、绝对、应该的想法；所有将挫折夸大化、夸张化的行为；所有对别人和自己的埋怨；所有那些以偏概全的、包含"总是"和"绝不"这两个词的夸张语言。前面曾经提到过，要坚持不懈、强有力地反驳你所有的不理性想法，直到你坚定地相信那些有效的新理念，并有效地减少了自己的烦恼。

不断地寻找、找到和有力地反驳你的不理性想法，一遍又一遍，直到你逐渐产生了理性、积极的想法（就好像你的身体通过坚持锻炼获得了健康的肌肉一样）。

不要仅仅重复那些理性的、积极的自我暗示或者有效新理念。测试自己有多么坚定地相信这些想法。挑战自己那些不坚定的理性想法，让自己更加深刻地相信它们。挑战自己的理性想法，看看你在面临疑问的时候是否能够真正持有这些想法。使用所有理性情绪行为疗法中的情绪技巧，例如向自己进行强烈的积极心理暗示，让你坚定地相信那些对你有帮助的理念。不要只是将信将疑，而是要让自己深深地相信那些理性想法对你有帮助。让自己对那些新的理念半信半疑或者只是"理论上"相信倒也没有坏处，但这不会对你有很大的帮助或者使你坚持下去。将那些积极的、理性的想法深深地印在自己的心里，不断地练习，然后再检查自己是不是对它们深信不疑。

减轻烦恼

当你想要解决自己的情绪问题时，例如你害怕在公众面前讲话或者害怕在感情上遭到别人的拒绝，看看这些问题和其他问题有没有重合，看看别人是不是也有这样的烦恼。因此，就像在第 3 章中提到的那样，你对于在公众面前讲话以及被人拒绝的焦虑包括：①你不可以失败和被拒绝的想法；②如果失败了将会非常糟糕和恐怖；③你无法忍受这些失败带来的可怕的挫败感；④如果你失败了或者遭到拒绝，你就是个废物；⑤在这些重要的事情上失败一次或者几次意味着你会经常失败，将永远也得不到尊重；⑥有时候失败根本算不了什么，你一点儿也不在乎。

如果你发现在自己各种各样（以及其他人）的烦恼中其实都有上面这些想法，你就知道了该如何理解和减少你的那些严重的焦虑（或者抑郁和愤怒）。了解了这些是不是很棒！也很有用！

如果你因此克服了在公众面前讲话的恐惧，你也可以利用自己的收获来克服在社交场合或者感情上被拒绝的恐惧感。如果你又有了新的恐惧，例如害怕丢掉工作或者害怕自己是方圆几千米内网球打得最差的人，你也能够很容易就发现该如何应对这些"恐惧感"。因为你的不理性想法、烦恼和自暴自弃的行为都来自你所有因为挫折的所感、所想和行动。一旦有效地使用理性情绪行为疗法解决了其中任何一个问题，你就会意识到，所有那些烦恼都源于你偷偷产生的某些不理性想法。因此，一旦你减少了某一方面的烦恼，发现自己在另一个方面又产生了新的烦恼，你就可以利用同样的理性情绪行为疗法的原则和练习方法来发现并且改变你在另一个方面产生的不理性想法。

这就是为什么理性情绪行为疗法能够帮你变得更加快乐，烦恼更少。通过使用这种疗法，你会发现，如果改变了自己那些深层次的不理性想法，想要在任何一方面感到烦恼都很难。如果你减少了自己的那些命令式要求，用灵活的、替代性（但通常还是很强烈）的愿望和期望来代替它们，一开始你就不会产生烦恼，即使你不小心又陷入了过去那种思维模式中，也能很快消除自己的烦恼。

当然我也不能太过乐观。我并没有坚决主张说，如果坚持使用理性情绪行为疗法，你将自动克服所有情绪上的烦恼，并且到达这样一种境界，即你永远都是快乐的，再也感觉不到烦恼。没有那么容易，也不可能自动做到这一点。但是我想说的是，如果你学会了理性情绪行为疗法的主要原则，并且在某个方面减少了自己的烦恼，如果你努力将这些原则应用在其他方面，也是没有任何问题的。

更好的是，这个宇宙中根本不存在任何必须无条件达成的要求，如果你相信这些要求的存在，只会给自己带来不必要的烦恼。你会意识到，很多不幸尽管是悲惨的，但除了在你的绝对定义中，没有一个是真正糟糕、恐怖或者可怕的。你会承认，不管发生了什么不好的事情，你还是能够忍受，活下来，并且以某种方式得到合理的快乐。你会让自己逐渐认识到，尽管你和其他人的行为很讨厌，但你和他们并不是令人憎恶的、坏的和不配活着的人。你会对自己的行为做出总结，但不会以偏概全，不会"下结论"说一次失败就会导致总是失败，一次拒绝就意味着你这一辈子将再也不会被任何你认为重要的人接受了。

我在20世纪50年代中期总结了理性情绪行为疗法的总原则，以帮助我自己和我的客户摆脱强烈的因为挫折而自寻烦恼的倾向。自那时起，就有大量临床和试验数据证明，理性情绪行为疗法及其他几种认知行为疗法的确为人们提供了减轻情绪痛苦的出路。但是，我早期在使用理性情绪行为疗法的时候没有清晰地看到，现在却越来越意识到，长期坚持使用理性情绪行为疗法的理念能够让人们不再像以前那么容易感到烦恼。这个发现真的让我很高兴！

你想要变得更加快乐、更少烦恼吗？试着坚持使用理性情绪行为疗法，然后看看它给你带来了什么！

第15章

理性心灵鸡汤

如果你坚持使用本书中介绍的理论和练习方法，那些你深深记住的深刻的人生哲理将在以下3个方面帮助你：

（1）减少现在正给你带来烦恼的想法、感觉和行为。

（2）让你不再轻易陷入烦恼，不再受到新的、未来的烦恼的困扰。

（3）更好地实现你的自我价值，创造更大的人生乐趣，生活得更加快乐。

为了实现这些目标，这里有一些切合实际、实事求是又非常实用的自我心理暗示，也可以称为"理性心灵鸡汤"，你可以对这些说法进行思考、修改并且做到身体力行。

- 尽管我最好能够表现很好，获得其他人的认可，从而实现我的人生目标和价值，但我并非必须如此。

- 不管（或者因为我自己的原因）发生了什么不好的、违背我愿望和利益的事情，它们都仅仅是不好的，而不是坏到不可以发生，除非是我自己愚蠢地这样认为。当它们的确发生了的时候，它们也并不是糟糕的，并不是完全糟透了或者"比它们应该达到的程度还要糟糕"。

- 即使发生了最坏的事情，但实际上我还是能够忍受，我还是活着，还是能够再一次在生活中寻找到一些快乐，只要我让自己深信这一点！

- 我的想法、感觉和行为也许经常是愚蠢的、不正常的，但我永远不是一个烂人、一个不配活着的人。即使我错误地这样认为，但我做的事和我的为人永远也不能画等号！

- 所以，我可以坚决地拒绝评估或者评价我自己，我的存在，我的本质，或者我的人格，但是我能够、将来也只会评价我的行为、我所做的事情和表现。我要带着信心和希望活着！

- 我也只会评价其他人的行为、感觉和想法，拒绝评价，尤其是拒绝贬低他们的自我、存在或者本质。他们的行为也许很恶劣，但他们不是恶劣的人！

- 我也只会评价我生活的环境，以及它们如何符合我所在的社会团体的目标和利益。但是我不会笼统地将这个世界或者我的生活评价为"好的"或者"坏的"。这个世界永远不会是坏的，而只可能其中某些方面是坏的。

- 我能够，也将会使用以及增加我的意志力或者能力来改变我的想法、感觉和行为，我会努力做决定去改变，下决心执行自己的决定；获取相关的知识；迫使自己采取行动，即使我觉得这么做很不舒服。如果我的"意志力"只有意志没有行动，就会没有力量。

- 如果我下决心减少自己的烦恼，并且让自己不再陷入烦恼，如果我不断努力解决这个问题，我就能够做到。但是我不是超人，并不完美，或者完全百毒不侵。只要我是一个有缺陷的人类，我就会有烦恼！

- 只要是我想做的事情，我就会努力去做。没有尝试之前，我不会假设自己做不到。我会尝试做很多困难的事情，去看看自己是否能够做到。

- 我真的做不到的事情，我就是做不到。承认这一点！

- 我要常常避免极端主义，拒绝将一切笼统地看作是好的或者是坏的。我会努力避免极端的乐观主义或者悲观主义。我的目标是更加平衡、更加现实。但即使是这个目标，我也会避免走向极端。

- 我过去解决情绪问题的方法很好！现在我可以如何对它们进行改善呢？

- 要完全没有烦恼是不可能的，除非我死了。现在既然我活着，怎么才能让自己不那么容易产生烦恼呢？

- 我真的有不少优点，当然也有缺点和不足。但我还不足以被称为伟大。现在让我为自己的优点欢欣鼓舞！让我利用自己的优点来接纳自我，这样我就会有更多的优点了！

- 我可以从自己过去的烦恼中了解到它们的起因，但是我更想了解为什么我仍然还有这些烦恼，我该做什么来改变它们。我想要了解如何打败自己的烦恼！

- 知道自己在重要的项目上是一个有能力、有效率的人，我很高兴。但是这并不意味着我就是个有能力的人或者好人。没有什么事情能证明这一点！我努力变得更有能力，是因为我享受这其中的乐趣和美好的结果。但并不是为了证明我是一个好人！

- 对自己所做的事情感到羞愧能帮助我改正自己的愚蠢行为。对自己，做这件事情的人感到羞愧，只会"帮助"我逃避改正自己的行为，还适得其反地限制了我的生活。

- 如果有外星人看到像我这么聪明的一个人却经常干些傻事，他们肯定要笑死了。我最好学着跟他们一起嘲笑自己，但绝不要贬低自己。

- 发生在我身上，或者我自己造成的坏事并不都是那么坏。我总能够因祸得福，例如从失败中吸取教训。我尤其要学会如何拒绝这些因失败而产生的烦恼。

- 逃避做一些自己没理由害怕的事情只会让自己永远也克服不了自己的恐惧感和恐惧症。冒险远没有想象中那么危险！

- 我关心自己的健康，不愿意卷入事故中，不愿意做危险的事情，我会采取适当的预防措施保护自己和我爱的人。但是我控制不了整个宇宙，所以我不用为那些突如其来的危险感到担心，因为我的担心也阻止不了它们的发生！

- 如果我有件困难或者无聊的任务要完成，拖延这件事帮不了我。我不能再拖延了！

- 不承认自己有情绪问题，就永远也没有机会解决它们。为这些情绪问题找借口可不是明智的做法！

- 我喜欢自信地表达自己的真实感受。但是在老板、教授和交警面前我最好还是管住自己的嘴！

- 别人与我，每个人与其他人都不一样！他们也完全应该这样！

- 我喜欢让别人同意我的观点。但是我能够欣然接受不同的意见。我输掉与别人的辩论之后可不会想到自杀！

- 我很讨厌别人对我不好或者不公平，但是没有什么规定说我一定要得到公平的对待，我也不需要老想着这事，或者别人对我不好的时候想要伺机报复。对"不公平"这件事斤斤计较才是对自己的不公平。

- 不管得到某一个人的爱对我是多么重要，我要意识到，还有很多其他的人值得我爱，也愿意爱我。是的，很多！

- 我喜欢别人的陪伴，但是我孤身一人的时候也能够得到快乐。我可以做自己最好的朋友！

- 我会尽力培养几个兴趣爱好，不会让自己沉迷于某一种思想、感觉或行为。我讨厌强迫症！

- 除非我努力减少自己的烦恼，并且让自己不再轻易自寻烦恼，否则我实现的就会是自己的烦恼而不是人生价值。

- 通过追求一个有强大吸引力的兴趣，我就更有可能获得"心流"，也就是说，我享受自己正在做的事情，不是因为别的什么原因，也不是为了证明我是一个好人。我沉浸其中，只是因为我觉得这件事情非常有趣、非常享受。如果同时还能帮助其他人，那就是锦上添花！

- 科学并不是至高无上的，但对我和其他人也还是有一定的价值。当我选定了目标和目的，我能够从科学的角度来进行假设，测试它们的可行性，然后检查它们的效果。这种科学方法与社会和物质"现实"并不矛盾；还能够提升人类（和非人类）的生活品质。

- 要获得全面的、彻底的或者整体的自我价值的实现或者别的任何事情都是不切实际或者过于理想化的。我们要实现更多的自我价值，这是对的。全面地和彻底地实现，不可能。我们还是不要过于不切实际地贪婪！

- 所以，再强调一次，在实现自我价值的过程中，我们也会产生烦恼。只有超人才会没有任何烦恼。我是一个有缺陷的人类。据我们所知，现在没有一个人是超人。证明完毕！

参 考 书 目

　　以下的参考书目包括本书中提到的所有作者的作品，以及其他与理性情绪行为疗法和认知行为疗法有关并有助于心理自助治疗的书籍。这些自助书籍前标有星号（＊），其中很多能够在纽约的阿尔伯特·埃利斯学院（地址：45East 65th Street，New York，NY 10021-6593）找到。学院有免费的目录和其他资料可供索取，读者可在上班时间通过电话（212-535-0822）、传真（212-249-3582）或者电子邮件（orders@rebt.org）订购。学院还将继续提供这些资料和其他资料，也会举办讲座、工作坊和培训，以及在人类心灵成长和健康生活等方面的报告，并将在免费目录中广而告之。以下列举的有些书目，尤其是一些心理自助书籍，在本书中并未提及。

Alberti, R., & Emmons, M. (1995). *Your perfect right*, 7th ed., San Luis Obispo, CA: Impact Publishers, Inc.

*Adler, A. (1927). *Understanding human nature.* Garden City, NY:Greenberg.

Bandura, A. (1997). *Self-efficacy: The exercise of control.* New York: Freeman.

*Barlow, D. H., & Craske, M. G. (1989). *Mastery of your anxiety and panic.* Albany, NY: Center for Stress and Anxiety Disorders.

Bartley, W. W., III. (1984). *The retreat to commitment*, rev. ed. Peru, IL: Open Court.

Bateson, G. (1979). *Mind and nature: A necessary unit.* New York: Dutton.

*Beck, A. T. (1988). *Love is not enough.* New York: Harper & Row.

*Benson, H. (1975). *The relaxation response.* New York: Morrow.

*Bernard, M. E. (1993). *Staying rational in an irrational world.* New York: Carol Publishing.

*Bernard, M. E., & Wolfe, J. L., (Eds.). (1993). *The RET resource book for practitioners.* New York: Institute for Rational-Emotive Therapy.

*Broder, M. S. (1990). *The art of living.* New York: Avon.

Buber, M. (1984). *I and thou.* New York: Scribner.

*Budman, S. H., & Gurman, A. S. (1988). *Theory and practice of brief therapy.* New York: Guilford.

*Burns, D. D. (1989). *Feeling good handbook.* New York: Morrow.

Carnegie, D. (1940). *How to win friends and influence people.* New York: Pocket Books.

*Coué, E. (1923). *My method.* New York: Doubleday, Page.

*Crawford, T. (1993). *Changing a frog into a prince or princess.* Santa Barbara, CA: Author.

*Crawford, T., & Ellis, A. (1989). A dictionary of rational-emotive feelings and behaviors. *Journal of Rational-Emotive and Cognitive-Behavioral Therapy, 7*(1), 3-27.

*Csikszentmihalyi, M. (1990). *Flow: The psychology of optimal experience.* San Francisco: Harper Perennial.

DeShazer, S. (1985). *Keys to solution in brief therapy.* New York: Norton.

Dewey, J. (1929). *Quest for certainty.* New York: Putnam.

*Dreikurs, R. (1974). *Psychodynamics, psychotherapy and counseling.* Rev. Ed. Chicago: Alfred Adler Institute.

*Dryden, W. (1994c). *Overcoming guilt!* London: Sheldon.

*Dryden, W. (Ed.). (1995). *Rational emotive behaviour therapy: A reader.* London: Sage.

*Dryden, W., & DiGiuseppe, R. (1990). *A primer on rational-emotive therapy.* Champaign, IL: Research Press.

*Dryden, W. & Gordon, J. (1991). *Think your way to happiness.* London: Sheldon Press.

*Dunlap, K. (1932). *Habits: Their making and unmaking.* New York: Liveright.

*Ellis, A. (1957a). *How to live with a neurotic: At home and at work.* New York: Crown, Rev. ed., Hollywood, CA: Wilshire Books, 1975.

*Ellis, A. (1962). *Reason and emotion in psychotherapy.* Secaucus, NJ: Citadel.

*Ellis, A. (1972). Helping people get better rather than merely feel better. *Rational Living, 7*(2), 2-9.

*Ellis, A. (Speaker). (1973). *How to stubbornly refuse to be ashamed of anything.* Cassette recording. New York: Albert Ellis Institute.

*Ellis, A. (Speaker). (1974). *Rational living in an irrational world.* Cassette recording. New York: Albert Ellis Institute.

*Ellis, A. (1976a). The biological basis of human irrationality. *Journal of Individual Psychology, 32,* 145-168. Reprinted: New York: Albert Ellis Institute.

*Ellis, A. (Speaker). (1976b). *Conquering low frustration tolerance.* Cassette recording. New York: Albert Ellis Institute.

*Ellis, A. (Speaker). (1977c).*Conquering the dire need for love.* Cassette recording. New York: Albert Ellis Institute.

*Ellis, A (Speaker). (1977d). *A garland of rational humorous songs.* Cassette recording and songbook. New York: Albert Ellis Institute.

*Ellis, A. (1985). *Overcoming resistance: Rational-emotive therapy with difficult clients.* New York: Springer.

*Ellis, A. (1988). *How to stubbornly refuse to make yourself miserable about anything—yes, anything!* Secaucus, NJ: Lyle Stuart.

Ellis, A. (1994a). *Rational emotive imagery.* Rev. ed. New York: Albert Ellis Institute.

*Ellis, A. (1994b). *Reason and emotion in psychotherapy.* Revised and updated. New York: Birch Lane Press.

Ellis, A. (1996). *Better, Deeper, and More Enduring Brief Therapy.* New York: Brunner/Mazel.

Ellis, A. (1996). *How to maintain and enhance your rational emotive behavior therapy gains.* Rev. ed. New York: Albert Ellis Institute.

Ellis, A. (1998). *How to control your anxiety before it controls you.* Secaucus, NJ: Carol Publishing Group.

*Ellis, A., & Becker, I. (1982). *A guide to personal happiness.* North Hollywood, CA: Wilshire Books.

*Ellis, A. & Blau, S. (1998). (Eds.). *The Albert Ellis Reader.* Secaucus, NJ: Carol Publishing Group.

*Ellis, A., & Dryden, W. (1990). *The essential Albert Ellis.* New York: Springer.

Ellis, A., & Dryden, W. (1997). *The practice of rational emotive behavior therapy.* New York: Springer.

Ellis, A., Gordon, J., Neenan, M., & Palmer, S. (1998). *Stress counseling.* New York: Springer.

Ellis, A., & Harper, R. A. (1997). *A guide to rational living.* North Hollywood, CA: Wilshire Books.

*Ellis, A., & Knaus, W. (1977). *Overcoming procrastination.* New York: New American Library.

*Ellis, A., & Lange, A. (1994). *How to keep people from pushing your buttons.* New York: Carol Publishing Group.

Ellis, A., & MacLaren, C. (1998). *Rational emotive behavior therapy: A therapist's guide.* San Luis Obispo, CA: Impact Publishers.

*Ellis, A., & Tafrate, R. C. (1997). *How to control your anger before it controls you.* Secaucus, NJ: Birch Lane Press.

*Ellis, A., & Velten, E. (1992). *When AA doesn't work for you: Rational steps for quitting alcohol.* New York: Barricade Books.

*Ellis, A., & Velten, E. (1998). *Optimal aging: Get over getting older.* Chicago: Open Court Publishing.

Emery, G. (1982). *Own your own life.* New York: New American Library.

Erickson, M. H. (1980). *Collected papers.* New York: Irvington.

*FitzMaurice, K. E. (1997). *Attitude is all you need.* Omaha, NE: Palm Tree Publishers.

*Frank, J. D., & Frank, J. B. (1991). *Persuasion and healing.* Baltimore, MD: Johns Hopkins University Press.

*Frankl, V. (1959). *Man's search for meaning.* New York: Pocket Books.

*Franklin, R. (1993). *Overcoming the myth of self-worth.* Appleton, WI: Focus Press.

*Freeman, A., & DeWolfe, R. (1993). *The ten dumbest mistakes smart people make and how to avoid them.* New York: Harper Perennial.

Freud, S. (1965). *Standard edition of the complete psychological works of Sigmund Freud.* New York: Basic Books.

*Fried, R. (1993). *The psychology and physiology of breathing*. New York: Plenum.

Friedman, M. (1976). Aiming at the self: The paradox of encounter and the human potential movement. *Journal of Humanistic Psychology, 16*(2), 5-34.

Froggatt, W. (1993). *Rational self-analysis*. Melbourne: Harper & Collins.

Gergen, R. J. (1991). *The saturated self*. New York: Basic Books.

*Glasser, W. (1999). *Choice theory*. New York: Harper Perennial.

Goleman, D. (1995). *Emotional intelligence*. New York: Bantam.

*Grieger, R. M. (1988). From a linear to a contextual model of the ABCs of RET. In W. Dryden and P. Trower, eds. *Developments in cognitive psychotherapy* (pp. 71-105). London: Sage.

*Hauck, P. A. (1991). *Overcoming the rating game: Beyond self-love— beyond self-esteem*. Louisville, KY: Westminster/John Knox.

Hayakawa, S. I. (1968). The fully functioning personality. In S. I. Hayakawa, (Ed.), *Symbol, status, personality* (pp. 51-69). New York: Harcourt Brace Jovanovich.

Hill, N. (1950). *Think and grow rich*. North Hollywood, CA: Wilshire Books.

Hillman, J. (1992). One hundred years of solitude, or can the soul ever get out of analysis? In J.K. Zeig (Ed.), *The evolution of psychotherapy: The Second Conference* (pp.313-325). New York: Brunner/Mazel.

Hoffer, E. (1951). *The true believer*. New York: Harper & Row.

Horney, K. (1950). *Neurosis and human growth*. New York: Norton.

Jacobson, E. (1938). *You must relax*. New York: McGraw-Hill.

*Johnson, W.R. (1981). *So desperate the fight*. New York: Institute for Rational-Emotive Therapy.

Johnson, W.B. (1996, August 10). Applying REBT to religious clients. Paper presented at the Annual Convention of The American Psychological Association, Toronto.

Jung, C. G. (1954). *The practice of psychotherapy*. New York: Pantheon.

Kaminer, W. (1993). *I'm dysfunctional, you're dysfunctional*. New York: Vintage.

Kelly, G. (1955). *The psychology of personal constructs*. New York: Norton.

Klee, M., & Ellis, A. (1998). The interface between rational emotive behavior therapy (REBT) and Zen. *Journal of Rational-Emotive & Cognitive-Behavior Therapy, 16*, 5-44.

Korzybski, A. (1933). *Science and sanity*. San Francisco: International Society of General Semantics.

Lasch, C. (1978). *The culture of narcissism*. New York: Norton.

*Lazarus, A. A., & Lazarus, C. N. (1997). *The 60-second shrink*. San Luis Obispo: Impact.

*Lazarus, A. A, Lazarus, C., & Fay, A. (1993). *Don't believe it for a minute: Forty toxic ideas that are driving you crazy*. San Luis Obispo, CA: Impact Publishers.

*Low, A. A. (1952). *Mental health through will training*. Boston: Christopher.

*Lyons, L. C., & Woods, P. J. (1991). The efficacy of rational-emotive therapy: A quantitative review of the outcome research. *Clinical

Psychology Review, 11, 357-369.

Mahoney, M. J. (1991). *Human change processes.* New York: Basic Books.

Maltz, M. (1960). *Psycho-cybernetics.* Englewood Cliffs, NJ: Prentice-Hall.

Maslow, A. (1968). *Toward a psychology of being.* New York: Van Nostrand Reinhold.

*Maultsby, M.C., Jr. (1984). *Rational behavior therapy.* Englewood Cliffs, NJ: Prentice-Hall.

May, R. (1969). *Love and will.* New York: Norton.

*McGovern, T. E., & Silverman, M. S. (1984). A review of outcome studies of rational-emotive therapy from 1977 to 1982. *Journal of Rational-Emotive Therapy, 2*(1), 7-18.

Meichenbaum, D. (1997). The evolution of a cognitive-behavior therapist. In J.K. Zeig (Ed.), The evolution of psychotherapy: The Third Conference (pp. 95-106). New York: Brunner/Mazel.

*Miller, T. (1986). *The unfair advantage.* Manlius, NY: Horsesense, Inc.

*Mills, D. (1993). *Overcoming self-esteem.* New York: Albert Ellis Institute.

Moreno, J. L. (1990). *The essential J. L. Moreno.* New York: Springer.

Niebuhr, R. See Pietsch, W.V.

Nielsen, S.L. (1996, August 10). Religiously oriented REBT. Examples and dose effects. Paper presented at the Annual Convention of the American Psychological Association, Toronto.

Pardeck, J. T. (1991). Using books in clinical practice. *Psychotherapy in Private Practice, 9*(3), 105-199.

Pavlov, I. P. (1927). *Conditional reflexes.* New York: Liveright.

Perls, F. (1969). *Gestalt therapy verbatim.* New York: Delta.

Piaget, J. (1954). *The construction of reality in the child.* New York: Basic Books.

*Pietsch, W.V. (1993). *The serentiy prayer.* San Francisco: Harper San Francisco.

Popper, K. R. (1985). *Popper selections.* Ed. by David Miller. Princeton, NJ: University Press.

Rank, O. (1945). *Will therapy and truth and reality.* New York: Knopf.

Rogers, C. R. (1961). *On becoming a person.* Boston: Houghton-Mifflin.

*Russell, B. (1950). *The conquest of happiness.* New York: New American Library.

Russell, B. (1965). *The basic writings of Bertrand Russell.* New York: Simon & Schuster.

Sampson, E. E. (1989) The challenge of social change in psychology. Globalization and psychology's theory of the person. *American Psychologist, 44,* 914-921.

Schutz, W. (1967). *Joy.* New York: Grove.

*Schwartz, R. (1993). The idea of balance and integrative psychotherapy. *Journal of Psychotherapy Integration, 3,* 159-181.

*Seligman, M. E. P. (1991). *Learned optimism.* New York: Knopf.

*Silverman, M. S., McCarthy, M., & McGovern, T. (1992). A review of outcome studies of rational-emotive therapy from 1982-1989. *Journal of Rational-Emotive and Cognitive-Behavior Therapy, 10*(3), 111-186.

*Simon, J. L. (1993). *Good mood.* LaSalle, IL: Open Court.

Skinner, B. F. (1971). *Beyond freedom and dignity.* New York: Knopf.

Smith, M. B. (1973). On self-actualization. *Journal of Humanistic Psychology, 13*(2), 17-33.

*Spivack, G., Platt, J., & Shure, M. (1976). *The problem-solving approach to adjustment.* San Francisco: Jossey-Bass.

*Starker, S. (1988b). Psychologists and self-help books. *American Journal of Psychotherapy, 43*, 448-455.

*Tate, P. (1997). *Alcohol: How to give it up and be glad you did.* 2nd. ed. Tucson, AZ: See Sharp Press.

Taylor, S. E. (1990). *Positive illusions: Creative self-deception and the healthy mind.* New York: Basic Books.

Tillich, P. (1983). *The courage to be.* Cambridge: Harvard University Press.

*Vernon, A. (1989). *Thinking, feeling, behaving: An emotional education curriculum for children.* Champaign, IL: Research Press.

*Walen, S., DiGiuseppe, R., & Dryden, W. (1992). *A practitioner's guide to rational-emotive therapy.* New York: Oxford University Press.

*Warren, R., & Zgourides, G. D. (1991). *Anxiety disorders: A rational-emotive perspective.* Des Moines, IA: Longwood Division Allyn & Bacon.

Watson, J. B. (1919). *Psychology from the standpoint of a behaviorist.* Philadelphia: Lippincott.

Watzlawick, P. (1978). *The language of change.* New York: Basic Books.

Wittgenstein, L. (1922). *Tractaeus logico-philosophicus.* London: Kegan Paul.

*Wolfe, J. L. (1992). *What to do when he has a headache.* New York: Hyperion.

*Woods, P. J. (1990a). *Controlling your smoking: A comprehensive set of strategies for smoking reduction.* Roanoke, VA: Scholars' Press.

*Young, H. S. (1974). *A rational counseling primer.* New York: Albert Ellis Institute.